岭南文化读本

陈建文　主编

李小川
林寿明
郭盛才
黄焕华　主编

岭南古树名木

LINGNAN
GUSHU MINGMU

SPM
南方传媒

广东科技出版社
全国优秀出版社

·广州·

图书在版编目（CIP）数据

岭南古树名木 / 李小川等主编．—广州：广东科技出版社，2023.4
ISBN 978-7-5359-7845-5

Ⅰ．①岭… Ⅱ．①李… Ⅲ．①树木—介绍—广东 Ⅳ．①S717.265

中国版本图书馆CIP数据核字（2022）第055842号

岭南古树名木
Lingnan Gushu Mingmu

出 版 人：严奉强
项目统筹：尉义明
责任编辑：尉义明 谢绮彤
装帧设计：琥珀视觉
责任校对：高锡全
责任印制：彭海波
出版发行：广东科技出版社
　　　　　（广州市环市东路水荫路11号 邮政编码：510075）
销售热线：020-37607413
http://www.gdstp.com.cn
E-mail：gdkjbw@nfcb.com.cn
经　　销：广东新华发行集团股份有限公司
排　　版：创溢文化
印　　刷：广州市彩源印刷有限公司
　　　　　（广州市黄埔区百合三路8号 邮政编码：510700）
规　　格：787 mm×1 092 mm 1/16 印张14.25 字数300千
版　　次：2023年4月第1版
　　　　　2023年4月第1次印刷
定　　价：76.00元

如发现因印装质量问题影响阅读，请与广东科技出版社
印制室联系调换（电话：020-37607272）。

岭南文化读本

主　编　　陈建文

副主编　　崔朝阳　王桂科

岭南古树名木

前　言

　　"望得见山、看得见水、记得住乡愁"，习近平总书记这一句话拨动了无数人的心弦。乡愁是一种情结，记得住乡愁的地方便是心安之处。一个村庄因为有了古树的守候，才有了灵气。有它陪伴的岁月，村子宁静而安详，村子里的生活如桃花源般神秘而美好。那乡村的古树、那有古树的乡村就是人们最记得住乡愁的心安之处。古树历经千百年岁月，阅尽了沧海桑田，见证了荣辱兴衰，吸天地之灵气，集日月之精华，是"活着的文物"，是稀世珍宝。

　　广东地处岭南，历史悠久，孕育了光辉灿烂的岭南文化。岭南地理、气候条件优越，植物种类丰富，保存了大量弥足珍贵的古树名木资源，它们记录了岭南的历史变迁，传承了岭南发展的生态文化，形成了岭南独特的生态奇观，承载了岭南人的乡愁情思。截至2018年11月，据广东省新一轮古树名木普查结果统计，全省有古树名木80 398株。其中，一级古树754株，二级古树4 810株，三级古树74 760株，名木74株。古树群共有826个。全省古树名木共有83科272属533种。全省共10 159个行政村有古树分布，其中珠三角地区古树数量占全省的45.30%。广东古树名木具有分布广泛、种类丰富、特色明显、保护利用价值高等特点。加强古树名木保护，对于保护自然与社会发展历史，弘扬先进生态文化，推进生态文明和绿美广东建设具有十分重要的意义。

　　本书是由广东省绿化委员会办公室牵头组织，广东省林业科学研究院、广东省林业调查规划院、广东生态工程职业学院等单位的林业工作者在古树名木普查、保护、管理、助力乡村振兴的工作中凝结的智慧结晶，包括全省新一轮古树名木普查结果、古树公园和古树乡村建设、古树名木抢救养护、"挖掘生态文化，记住美丽乡愁"系列活动、"广东最美古树"和"广东十大魅力古树乡村"评选暨摄影大赛等内容。全书收录了名木16株（组）、古树60株（组）、古树群7个，收集了200多幅高清照片，展示了古树名木的风貌和保护管理成果。

本书旨在概述古树名木资源的数量及分布特点、树龄结构、树种结构、权属状况、保护管理成效和保护管理指引等，按名木、古树、古树群分类展示，为弘扬岭南生态文明添砖加瓦。

本书适合广大干部、林业工作者、古树名木保护管理人员、农林院校师生阅读，亦可作为大中小学学生的科普读本。

本书在编写过程中得到了中共广东省委宣传部、广东省自然资源厅、广东省林业局的大力支持，广大林业工作者给予了殷切关怀、热情帮助，在此一并感谢。由于时间仓促、编者水平所限，书中错误或不足之处在所难免，恳请读者对本书提出批评和建议，以利于本书在古树名木保护管理工作上发挥更大的作用。

编　者

2022年12月

目　录

一、岭南古树名木概述

古树是指树龄在100年及以上的树木。树龄达到500年及以上的树木为一级古树，树龄在300～499年的树木为二级古树，树龄在100～299年的树木定为三级古树。名木是指具有重要历史、文化、观赏与科学价值或具有重要纪念意义的树木。岭南地处南海之滨，山地、丘陵、平原交错，海岸线长，岛屿众多。属热带和亚热带地区，气候温和，雨量充沛，年平均气温在19℃以上，年降水量在1 500毫米以上。历史久远，经济文化发达，人文荟萃。良好的自然环境、气候条件和悠久的历史文化，繁衍孕育并保存了丰富的古树名木资源。

（一）古树名木数量及分布

2018年《广东省新一轮古树名木资源普查成果报告》显示，全省古树名木总数量为80 398株。其中：名木74株，占总株数的0.09%；一级

古树754株，占总株数的0.94%；二级古树4 810株，占总株数的5.98%；三级古树74 760株，占总株数的92.99%。全省古树群共有826个。惠州市、广州市、韶关市、茂名市和湛江市古树名木分布数量为全省的前五名，前五名的古树名木总数为43 986株，占全省总株数的54.71%，超过全省总数的一半。详见表1。

表1　广东省古树名木数量分布统计

分布	总计/株	一级古树/株	二级古树/株	三级古树/株	名木/株
广东省	80 398	754	4 810	74 760	74
广州市	10 133	9	164	9 947	13
深圳市	1 562	14	56	1 487	5
珠海市	1 644	5	24	1 610	5
汕头市	1 095	17	97	980	1
佛山市	2 094	7	59	2 027	1
河源市	1 995	52	200	1 742	1
韶关市	8 303	194	1 087	7 022	0
梅州市	4 526	46	264	4 216	0
惠州市	10 824	71	435	10 318	0
汕尾市	889	0	32	857	0
东莞市	3 859	37	251	3 566	5
中山市	1 211	3	32	1 175	1
江门市	1 729	7	50	1 665	7
阳江市	2 512	19	240	2 251	2
湛江市	6 865	39	219	6 593	14
茂名市	7 861	80	202	7 577	2
肇庆市	3 365	27	255	3 078	5
清远市	3 799	58	545	3 194	2
潮州市	1 753	36	191	1 526	0
揭阳市	2 117	23	221	1 865	8
云浮市	2 262	10	186	2 064	2

（二）古树名木树龄结构

根据年龄结构划分：树龄在1 000年及以上的古树名木80株，占总株数的0.10%；树龄大于等于500年且小于1 000年的古树名木676株，占总株数的0.84%；树龄大于等于300年且小于500年的古树名木4 809株，占总株数的5.98%；树龄大于等于200年且小于300年的古树名木13 674株，占总株数的17.01%；树龄大于等于100年且小于200年的古树名木61 098株，占总株数的75.99%；树龄在100年以下的古树名木61株（全部为名木），占总株数的0.08%。

（三）古树名木树种结构

广东古树名木种类多，分布广，以热带、亚热带的种类为主。全省古树名木共有83科272属533种。古树名木数量前十名的树种、数量及占全省古树名木总株数比重如表2所示。现存古树的树种结构充分体现了广东省古树名木以乡土树种（榕树、樟、枫香树、红锥、木荷、朴树、雅榕等）和经济树种（荔枝、龙眼、杧果等）为主的特点。

表2　古树名木数量前十名的树种

排名	中文名	拉丁学名	数量/株	占比/%
1	榕树	*Ficus microcarpa*	19 091	23.75
2	荔枝	*Litchi chinensis*	13 785	17.15
3	樟	*Cinnamomum camphora*	5 821	7.24
4	龙眼	*Dimocarpus longan*	3 421	4.26
5	枫香树	*Liquidambar formosana*	2 438	3.03
6	杧果	*Mangifera indica*	2 251	2.80
7	红锥	*Castanopsis hystrix*	2 142	2.66
8	木荷	*Schima superba*	2 078	2.58
9	朴树	*Celtis sinensis*	1 555	1.93
10	雅榕	*Ficus concinna*	1 555	1.93
	合计		54 137	67.34

（四）古树名木保护树种

1.《国家重点保护野生植物名录》保护树种

根据国家林业和草原局、农业农村部于2021年9月7日公布的《国家重点保护野生植物名录》，属国家重点保护野生植物的古树名木树种有36种。其中，国家一级保护野生植物7种，国家二级保护野生植物29种。详见表3。

表3　列入《国家重点保护野生植物名录》的古树名木名录

序号	科名	中文名	拉丁学名	保护级别
1	桫椤科	桫椤	*Alsophila spinulosa*	二级
2	苏铁科	苏铁	*Cycas revoluta*	一级
3	苏铁科	篦齿苏铁	*Cycas pectinata*	一级
4	银杏科	银杏	*Ginkgo biloba*	一级
5	罗汉松科	罗汉松	*Podocarpus macrophyllus*	二级
6	罗汉松科	百日青	*Podocarpus neriifolius*	二级
7	柏科	福建柏	*Fokienia hodginsii*	二级
8	柏科	水松	*Glyptostrobus pensilis*	一级
9	柏科	水杉	*Metasequoia glyptostroboides*	一级
10	红豆杉科	海南粗榧	*Cephalotaxus hainanensis*	二级
11	红豆杉科	南方红豆杉	*Taxus wallichiana* var. *mairei*	一级
12	壳斗科	华南锥	*Castanopsis concinna*	二级
13	壳斗科	尖叶栎	*Quercus oxyphylla*	二级
14	樟科	闽楠	*Phoebe bournei*	二级
15	樟科	楠木	*Phoebe zhennan*	二级
16	樟科	润楠	*Machilus nanmu*	二级
17	叠珠树科	伯乐树	*Bretschneidera sinensis*	二级
18	豆科	格木	*Erythrophleum fordii*	二级
19	豆科	亮毛红豆	*Ormosia sericeolucida*	二级
20	豆科	软荚红豆	*Ormosia semicastrata*	二级
21	豆科	海南红豆	*Ormosia pinnata*	二级
22	豆科	红豆树	*Ormosia hosiei*	二级
23	豆科	韧荚红豆	*Ormosia indurata*	二级
24	豆科	花榈木	*Ormosia henryi*	二级

续表

序号	科名	中文名	拉丁学名	保护级别
25	豆科	降香	*Dalbergia odorifera*	二级
26	豆科	海南黄檀	*Dalbergia hainanensis*	二级
27	楝科	红椿	*Toona ciliata*	二级
28	漆树科	林生杧果	*Mangifera sylvatica*	二级
29	无患子科	龙眼	*Dimocarpus longan*	二级
30	无患子科	荔枝（野生）	*Litchi chinensis*	二级
31	锦葵科	蚬木	*Excentrodendron tonkinense*	二级
32	山茶科	茶	*Camellia sinensis*	二级
33	五列木科	猪血木	*Euryodendron excelsum*	一级
34	龙脑香科	青梅	*Vatica mangachapoi*	二级
35	瑞香科	土沉香	*Aquilaria sinensis*	二级
36	山榄科	紫荆木	*Madhuca pasquieri*	二级

2. 《中国珍稀濒危保护植物名录（第一册）》保护树种

根据《中国珍稀濒危保护植物名录（第一册）》，广东省古树名木中，属中国珍稀濒危保护植物的树种有36种。其中，濒危种4种，渐危

水松

种20种，稀有种12种。详见表4。

表4　列入《中国珍稀濒危保护植物名录（第一册）》的古树名木名录

序号	树种	拉丁学名	濒危度
1	海南粗榧	*Cephalotaxus hainanensis*	濒危
2	猪血木	*Euryodendron excelsum*	濒危
3	华南锥	*Castanopsis concinna*	濒危
4	降香	*Dalbergia odorifera*	濒危
5	篦齿苏铁	*Cycas pectinata*	渐危
6	桫椤	*Alsophila spinulosa*	渐危
7	油杉	*Keteleeria fortunei*	渐危
8	鸡毛松	*Dacrycarpus imbricatus*	渐危
9	乐东拟单性木兰	*Parakmeria lotungensis*	渐危
10	沉水樟	*Cinnamomum micranthum*	渐危
11	闽楠	*Phoebe bournei*	渐危
12	土沉香	*Aquilaria sinensis*	渐危
13	黏木	*Ixonanthes reticulata*	渐危
14	格木	*Erythrophleum fordii*	渐危
15	白桂木	*Artocarpus hypargyreus*	渐危
16	红椿	*Toona ciliata*	渐危
17	润楠	*Machilus nanmu*	渐危
18	楠木	*Phoebe zhennan*	渐危
19	吊皮锥	*Castanopsis kawakamii*	渐危
20	红豆树	*Ormosia hosiei*	渐危
21	林生杧果	*Mangifera sylvatica*	渐危
22	蚬木	*Excentrodendron tonkinense*	渐危
23	龙眼	*Dimocarpus longan*	渐危
24	荔枝（野生）	*Litchi chinensis*	渐危
25	银杏	*Ginkgo biloba*	稀有
26	水杉	*Metasequoia glyptostroboides*	稀有
27	水松	*Glyptostrobus pensilis*	稀有
28	观光木	*Michelia odora*	稀有
29	半枫荷	*Semiliquidambar cathayensis*	稀有
30	福建柏	*Fokienia hodginsii*	稀有
31	青檀	*Pteroceltis tatarinowii*	稀有
32	见血封喉	*Antiaris toxicaria*	稀有
33	伯乐树	*Bretschneidera sinensis*	稀有

续表

序号	树种	拉丁学名	濒危度
34	紫荆木	*Madhuca pasquieri*	稀有
35	云南石梓	*Gmelina arborea*	稀有
36	茶（野生）	*Camellia sinensis*	稀有

（五）古树名木权属状况

广东省古树名木权属类型包括国有、集体所有、个人所有和其他权属四种类型，其中：属国有的古树名木4 637株，占总株数的5.77%；属集体所有的古树名木71 649株，占总株数的89.12%；属个人所有的古树名木4 030株，占总株数的5.01%；属其他权属的古树名木82株，占总株数的0.10%。从权属类型上看，广东省古树名木以集体所有为主。

（六）古树名木保护管理

广东省政府对古树名木的保护与管理工作极为重视，早在1984年9月，广州市已开展了古树名木调研，摸索出了鉴定古树树龄的方法，鉴定出了广州市第一批古树名木209株。广州市人民政府据此颁布了广州市第一批古树名木名录和《广州市古树名木保护条例》。随后，《广东省城市绿化条例》第三十一条明确规定了古树名木的定义和保护管理办法。随着我省不断加大普查力度，全省古树名木数量逐渐增多。2001年第一次古树名木普查显示，全省古树名木数量为41 881株。2018年全省新一轮古树名木资源普查显示总数量为80 398株，这次普查更加详细地查清了全省范围内古树名木资源的数量、种类、分布状况、健康状况、权属、责任单位、传说记载等情况及图像资料，并建立了广东省古树名木信息管理系统。广东省各地相继出台了古树名木保护管理的政策和法规，认真落实了古树名木保护行政领导负责制，加大了资金投入力度，建立了较为完整的古树名木档案，设立了古树名木保护标志，并对部分古树名木采取了围栏保护、支撑拉索、修补树洞、防治病虫、安装避雷装置等保护措施，对全省的一级古树和名木实行视频监控，以及建设古树公园、古树乡村等，积极开展宣传教育活动，提高了人民群众对古树名木保护、抢救、复壮、养护的意识。

1. 古树名木保护管理主要经验和做法

第一，领导重视，周密部署。从2001年开始，广东省进行了多次普查工作，各地按照广东省绿化委员会办公室有关通知要求，成立了以省绿化委员会办公室领导或省林业局分管领导为小组长的古树名木普查领导小组，筹集经费，组织人员，编写古树名木普查建档工作方案，做好各项物资准备工作。各地根据自身的实际情况，采取不同的调查方式。①由县（市、区）绿化委员会办公室、林业主管部门直接组织专业技术人员进行调查。②先由村按要求进行登记上报，林业站进行核实及镇级汇总，再由县（市、区）绿化委员会办公室组织技术人员检查核对。③由市政园林部门管护、对建档资料比较齐全的古树名木进行更新和补充。④委托林业专业服务单位进行外业普查工作。

第二，广泛发动，群策群力。由于大部分古树名木分布在广阔的农村，调查时采用实地调查与访问群众相结合的方法，每到一处，先访问当地群众，了解古树名木的分布、年龄、树种、历史文化故事等情况，再对每株古树逐一登记、测量、拍照和建立档案。

第三，专家鉴定，权威论证。为搞好古树名木树种鉴定，广东省绿化委员会办公室成立了古树名木资源保护专家组，邀请专家培训古树名木的鉴定方法，如请华南农业大学冯志坚教授讲授树木识别方法，使调查者掌握古树名木树种分类的基本知识。对于树龄，主要是通过访问当地居民，查阅族谱、地方志等历史资料，结合树体大小、外观、生物特性及生长模型作出判断。树高采用测高器量测，胸（地）围、冠幅用皮尺量测，有关因子据实填写。所有古树名木都拍摄了照片，按要求建立了古树名木档案。

第四，措施得当，保护有力。对已建档的古树名木，进行调查分析，掌握其生长状况、环境改变情况及受保护情况。对衰弱株古树进行了抢救性复壮，2018年省财政拨付抢救性复壮资金2 300万元用于亟须抢救复壮的古树名木，并取得了良好效果。2019年，广东省开展绿美古树乡村和古树公园建设，省级财政投资建设了150个古树公园和绿美古树乡村，珠三角地区各地级市纷纷拨款开展古树公园和绿美古树乡村建设，使古树名木的保护和利用进入了新阶段，同时也符合乡村振兴建设的目标。

第五，建章立制，依法保护。为加大对古树名木的保护力度，省、市积极出台相关政策文件和立法工作。①1999年11月27日，广东省第九届人民代表大会常务委员会第十三次会议通过《广东省城市绿化条例》，2000年1月1日实施。2014年11月26日，广东省第十二届人民代表大会常务委员会第十二次会议对其进行了第三次修正。《广东省城市绿化条例》第三十一条明确规定了古树名木的定义和保护管理办法。②2016年3月17日，广东省绿化委员会发布《广东省绿化委员会关于开展新一轮古树名木资源普查建档工作的通知》（粤绿〔2016〕1号），开展了新一轮古树名木资源普查工作。③2017年6月20日，广东省绿化委员会办公室发布《广东省绿化委员会办公室关于印发广东省开展规范树木移植管理和严禁移植天然大树进城督查工作方案的通知》（粤绿办〔2017〕2号），在全省范围内对规范树木移植管理和严禁移植天然大树进城贯彻落实情况进行了督导检查。④2017年9月25日，广东省林业厅、广东省住房和城乡建设厅联合印发《广东省林业厅、广东省住房和城乡建设厅关于严禁移植天然大树进城的通知》（粤林〔2017〕135号），在全省范围内严禁移植天然大树进城，为古树资源后续保护奠定了坚实的基础。⑤截至2018年，全省21个地级市先后出台了古树名木保护管理办法和条例，从法律上保护了古树名木，落实了管护责任，签订了责任书，明确了管护责任人，建立健全了古树名木保护责任制。

第六，加大宣传，增强意识。广东省近年来不断强化古树名木保护的舆论宣传，利用电视、报纸和广播等多种形式，发动群众加入保护古树名木的行列。"中国最美古树""广东十大最美古树""广东十大魅力古树乡村""广东十大最美古树群""韶关市最美古树"评选活动都取得了良好的效果。①广东省根据全国绿化委员会要求，积极组织发动，参与全国绿化委员会办公室与中国林学会在全国组织开展的"中国最美古树"遴选活动，我省有6株古树被遴选为"中国最美古树"，分别是梅州市梅县区城东镇潮塘村一株1 010年的梅、韶关市始兴县深渡水瑶族乡坪田村一株1 000多年的米槠、江门市新会区会城街道天马村一株394年的榕树、广州市越秀区中山纪念堂一株348年的木棉、韶关市南雄市坪田镇迳洞村一株500多年的枳椇、肇庆市四会市罗源镇石寨村一株552年的人面子。②2019年11月，广东省绿化委员会、广东省林业局开展了"广东十大最美古树"暨"广东十大魅力古树乡村"评选活动，评选出了"广东十大最美古树"及"广东十大魅力古树乡村"。"广东十大最美古树"分别是：河源市和平县东水镇新坪村1 000多年的雅榕、韶关市仁化县红山镇烟竹村1 150年的南方红豆杉、韶关市曲江区白土镇界

见血封喉（何盈 供）

滩村1 000多年的樟、韶关市南雄市坪田镇新墟村1 200多年的银杏、湛江市麻章区太平镇王村530年的见血封喉（箭毒木）、清远市英德市东华镇雅堂村430年的榕树、云浮市郁南县桂圩镇桂圩村1 200多年的樟、肇庆市怀集县蓝钟镇古城村1 300多年的红锥、肇庆市四会市罗源镇石寨村552年的人面子、梅州市蕉岭县蓝坊镇高南村600多年的雅榕。③2022年6月，广东省绿化委员会、广东省林业局启动"广东十大最美古树群"评选活动，11月29日评选出"广东十大最美古树群"，分别是珠海唐家湾古树群、广州永宁古树群、东莞清溪古树群、肇庆罗源古树群、阳江春湾古树群、茂名根子古树群、江门广海古树群、深圳葵涌古树群、清远秤架古树群、韶关董塘古树群。"最美古树（群）"评选活动增强了人们对古树文化的自豪感，提高了全社会的古树名木保护意识。

2. 古树名木管理部门

古树名木保护管理实行政府统一领导、部门分工负责。县级以上绿化委员会承担本行政区域内古树名木保护管理的组织协调、监督检查指导工作。县级以上林业、城市绿化行政主管部门为本行政区域古树名木保护行政主管部门，按照职责分工，负责本行政区域内的古树名木保护管理工作。2022年9月28日，广东省林学会成立古树名木保护专业委员会，是进一步加强我省古树名木科学保护的具体举措。古树名木保护专业委员会将围绕促进古树名木保护工作的可持续发展，开展古树名木保护调查研究、技术攻关、宣传推广、科普教育，更好地发挥决策支撑、技术支撑、服务支撑作用，为政府当好参谋和助手，为广东提升古树名木保护管理水平贡献智慧和力量。

二、岭南名木

（一）孙中山手植酸豆

中文名：酸豆　　　　拉丁学名：*Tamarindus indica*

别名：罗望子、酸角、酸子、酸梅树、酸荚

科：豆科　　　　　　属：酸豆属

树龄：139年　　　古树等级：三级　　　名木类型：纪念树

胸围：257厘米　　　树高：8.9米　　　平均冠幅：10.5米

地理位置：中山市南朗镇翠亨村孙中山故居

1883年，年仅17岁的孙中山从美国檀香山读书归来，带回来这株酸豆的种子，并亲手将其种在自家院子。我们今天看到的卧式树干是因为此树曾被台风刮倒并继续呈卧式茁壮成长，现已长成参天绿伞，枝叶茂盛，并且一直延伸到围墙外侧。郭沫若先生1962年3月参观故居时曾赋诗一首："酸豆一株起卧龙，当年榕树已成空。阶前古井苔犹绿，村外木棉花正红。早识汪胡怀贰志，何期陈蒋叛三宗？百年史册春秋笔，数罢洪杨应数公。"

（二）朱德手植人面子

中文名：人面子　　拉丁学名：*Dracontomelon duperreanum*

别名：人面树、银莲果

科：漆树科　　　属：人面子属

树龄：61年　　　名木类型：纪念树

胸围：267厘米　　树高：20.3米　　平均冠幅：19.5米

地理位置：广州市天河区长兴街道华南植物园办公室后面

华南植物园具有优美的自然环境，是我国重要的植物科学与生态科学研究机构之一。我国的开国十大元帅之中有八位曾到过华南植物园视察，朱德和叶剑英分别在这里种下了青梅和木棉，他们一再嘱咐要把华南植物园建设为世界一流的植物园。1961年2月，时任全国人大常委会委员长的朱德再次来到华南植物园，并种植了这株人面子，人面子果实的外形与人脸相似，因此得名。

（三）周恩来手植梅

中文名：梅　　　　　　拉丁学名：*Prunus mume*

别名：酸梅、乌梅、梅花

科：蔷薇科　　　　　　属：李属

树龄：63年　　　　　　名木类型：纪念树

胸围：160厘米　　　树高：6.5米　　　平均冠幅：9米

地理位置：广州市从化区温泉镇温泉村广东温泉宾馆

1959年，周总理在广东温泉宾馆疗养期间手植了一株梅树，它每年大小寒期间开花，越冷花越盛越香，繁花满树，沁人心脾。

多年来，它傲然挺立，雍容典雅，风霜雨雪，不畏不惧，独占枝头。它是冬天的佼佼者，努力装点着严寒的冬天，将美丽的春天留给了别人。它就像周总理一样，光明磊落，不畏困难，一生为国为民，鞠躬尽瘁。这也成为游客必到的旅游景点之一。

（四）陈毅手植梅

中文名：梅　　　　　拉丁学名：*Prunus mume*

别名：酸梅、乌梅、梅花

科：蔷薇科　　　　　属：李属

树龄：60年　　　　　名木类型：纪念树

胸围：155厘米　　树高：7米　　　　平均冠幅：8米

地理位置：广州市从化区温泉镇温泉村广东温泉宾馆

　　1962年，陈毅元帅到广东省调研，下榻广东温泉宾馆期间亲手栽种了一株梅树。暑尽冬来，其迎风斗寒、经霜冷而不凋、历四时而常茂、独步早春、傲立雪中的精神激励着年轻人奋勇拼搏、勇往直前。此树也充分体现了陈毅元帅不畏困难、坚强刚毅，从来都是顶天立地，不肯低头折节的品格。

　　他曾在此地留下了题为《温泉晚步》的诗篇，诗曰："来到溪山绝胜处，安排笔砚即为家。看罢瀑布天色晚，缓缓戴月走溪沙。"

（五）刘少奇、邓小平、陶铸手植柏木

中文名：柏木　　　拉丁学名：*Cupressus funebris*

别名：柏树、柏木树

科：柏科　　　　　属：柏木属

树龄：62年　　　　名木类型：纪念树

胸围：75厘米　　　树高：3.5米　　　平均冠幅：5米

地理位置：广州市从化区温泉镇温泉村广东温泉宾馆

　　1960年，刘少奇、邓小平、陶铸三位开国元勋下榻广东温泉宾馆，在此与广东温泉宾馆员工一起种下柏木一株。经年累月，该树枝干遒劲，造型奇特，枝丫从两侧展开，犹如主人伸出双臂欢迎远道而来的客人，雍容大度，姿态优美，已然成为当地的标志性景观。它不仅是名木，更是先辈们"不唯上、不唯书、只唯实"的品格象征。

（六）邓小平手植高山榕

中文名：高山榕　　　拉丁学名：*Ficus altissima*

别名：鸡榕、大叶榕、万年青、大青树

科：桑科　　　　　属：榕属

树龄：30年　　　　名木类型：纪念树

胸围：882厘米　　树高：10米　　　平均冠幅：17.5米

地理位置：深圳市罗湖区莲塘街道仙湖社区仙湖植物园湖区草坪

　　1992年1月22日，邓小平在深圳仙湖植物园视察时，亲手种植了一株高山榕。高山榕是一种常绿大乔木、喜阳植物，为桑科榕属，生长快，冠大荫浓，四季常青，深受人们喜爱。邓小平在仙湖畔开阔草坪上种下的这株高山榕，如今根深叶茂，为深圳增添了无限春色，它是仙湖植物园的镇园之宝。

（七）杨尚昆手植高山榕

中文名：高山榕　　拉丁学名：*Ficus altissima*

别名：鸡榕、大叶榕、万年青、大青树

科：桑科　　属：榕属

树龄：30年　　名木类型：纪念树

胸围：663厘米　　树高：11米　　平均冠幅：21米

地理位置：深圳市罗湖区莲塘街道仙湖社区仙湖植物园湖区草坪

　　1992年1月22日，深圳阳光明媚，仙湖植物园内春意盎然。时任国家主席的杨尚昆和已经退休的邓小平带领两家三代人到仙湖植物园种树和游览，给园内园外带来了无尽的喜悦。上午，杨尚昆和邓小平在一片开阔的草地上分别种下了一株常青树——高山榕。

（八）习仲勋抚育杉木

中文名：杉木　　　拉丁学名：*Cunninghamia lanceolata*

别名：沙木、沙树、蓝钟杉

科：杉科　　　　　属：杉木属

树龄：47年　　　　名木类型：纪念树

胸围：124厘米　　树高：20米　　　平均冠幅：11米

地理位置：肇庆市怀集县蓝钟镇岳山林场

20世纪70年代岳山林场林业大会战时期，时任中共广东省委第一书记的习仲勋于1979年2月12日第一次视察怀集，不辞劳苦深入岳山林场调研。他到林场后沿着崎岖山路登上岳山步梯，看到岳山万亩杉木组成壮观林海且林木生长旺盛，感到十分满意。下山后，他在山脚亲手对3株怀集名树"蓝钟杉"进行了松土、除草、培土等抚育工作，并勉励山区群众爱护森林资源，培育好这片绿水青山。

（九）王阳明手植雅榕

中文名：雅榕　　　　拉丁学名：*Ficus concinna*

别名：榕树、小叶榕、细叶榕、万年青

科：桑科　　　　　　属：榕属

树龄：506年　　　古树等级：一级　　　名木类型：纪念树

胸围：942厘米　　　树高：23米　　　　平均冠幅：34米

地理位置：河源市和平县阳明镇县政府大院

据史料记载，明朝正德年间（1506—1521年），王阳明正是在这个多事之秋被任命为都察院左佥都御史，危难之时接替文森担负起巡抚平乱之重责。赴任之后，王阳明来到今和平县一带，平乱后上书朝廷，增设和平县，并在县衙门前亲手种上一株雅榕。

该树现枝繁叶茂，树干有六人合抱之粗，遮阴蔽日。如今驻足树下而观，只见那横生错节的枝丫上，长长的气根垂落下来，如百岁老人飘拂的胡须，密密匝匝的叶片层层叠叠，撑起蓬勃生机。和平县与王

阳明的渊源，犹如这株雅榕，根深叶茂，一旦长开，犹如一把大伞立于地面，是行人遮阳的好地方。阳明先生在和平县衙种下的这株"阳明树"，也许是意在昭示后人：战争是为了和平，生态是为了未来。

（十）小鸟天堂榕树

中文名：榕树　　　　拉丁学名：*Ficus microcarpa*

别名：细叶榕、万年青

科：桑科　　　　　属：榕属

树龄：394年　　　古树等级：二级　　　名木类型：纪念树

胸围：不详　　　　树高：15米　　　　平均冠幅：113米

地理位置：江门市新会区会城街道天马村

　　该树于2018年被遴选为"中国最美榕树"。明朝万历四十六年（1618年），这里有一个村庄叫"天马村"，村里人口增多，食水不足，村民们便在村前挖了一条河，取名为"天马河"。河挖好后，村里

连续几年遭灾遭祸，不少村民家破人亡，后经一位先生指点，可以在此河中心造一个墩挡水。村民于是挖土运泥，在河中垒起了一个土墩，有位村民把一根榕树枝插在了土墩上。几年后，这根榕树枝不知不觉竟长成了一株枝繁叶茂的大榕树，后经长期繁衍，婆娑的榕树叶笼罩着河面，树高约15米，榕树枝干上长着美髯般的气生根，着地后木质化，抽枝发叶，长成新枝干，新枝干上又长出新气生根，生生不已，变成一片根枝错综的榕树丛，形成独木成林的奇观。

令人称奇的是，这株神奇的古榕树上栖息着数以万计的各种野生鹭鸟，其中以白鹭和灰鹭最多。白鹭朝出晚归，灰鹭暮出晨归，早晚相互交替，盘旋飞翔，嘎嘎而鸣，是世间罕有的"百鸟出巢，百鸟归巢"景观。在这里，鸟树相依，人鸟相处，和谐奇特，形成一道天然美丽的风景线。

1933年，文学大师巴金先生乘船游览后叹为观止，写下优美散文《鸟的天堂》，并在上海《文学》月刊上发表。1958年，时任中共广东省委第一书记的陶铸与时任广东省省长的陈郁视察新会期间，游览了当

时仍叫雀墩的小鸟天堂。陶铸被雀墩"一树成林十五亩，万鸟起落是天堂"的美景倾倒，并指出，这一独特的生态景观弥足珍贵，一定要切实保护好发展好，要把它扩建成公园，让广大群众游览欣赏。他还建议，根据巴金先生《鸟的天堂》的文意，改称雀墩为小鸟天堂，"小鸟天堂"从此得名。

1978年，人民教育出版社把巴金的《鸟的天堂》列入了全国小学六年级下册《语文》教科书。巴老先后于1982年和1984年两度亲笔书写了"小鸟天堂"的题名，"小鸟天堂"从此名扬海内外。

2022年1月，小鸟天堂公园被授予"国家湿地公园"称号。

苏广新 供

（十一）关山月故居榕树

中文名：榕树　　　　拉丁学名：*Ficus microcarpa*

别名：细叶榕、万年青

科：桑科　　　　　　属：榕属

树龄：285年　　　古树等级：三级　　　名木类型：纪念树

胸围：420厘米　　　树高：11米　　　平均冠幅：17.5米

地理位置：阳江市江城区埠场镇那蓬村果园关山月故居

　　关山月出生于阳江市江城区埠场镇那蓬村（原称关村）果园，是著名国画家、教育家，岭南画派代表人物。此树为关山月祖辈种植，深得关老喜爱。据村中81岁的老人关德胜说，这株榕树在建村时便有了，迄今已有280多年历史，村民一直视其为风水树，逢年过节或家有喜事都要前来烧香拜祭，祈求风调雨顺、平安顺遂。村里的孩童常常爬到树上，或在树下玩耍，这株榕树也给关山月先生留下了很多童年时代的美好回忆，关山月先生在1989年创作的国画《乡土情》就取材于这株榕树。

（十二）梅兰芳手植柠檬桉

中文名：柠檬桉　　拉丁学名：*Eucalyptus citriodora*

别名：油桉树

科：桃金娘科　　属：桉属

树龄：110年　　古树等级：三级　　名木类型：纪念树

胸围：242厘米　　树高：15米　　平均冠幅：22.6米

地理位置：珠海市香洲区唐家湾镇唐家社区唐家共乐园

　　唐家共乐园，原名"小玲珑山馆"，1921年改名"共乐园"，寓与民同乐之意。唐家共乐园依山傍湖，林荫蔽日，风景幽美，是一个富有园林特色的旅游胜地。此树是京剧表演艺术大师梅兰芳先生手植于唐家共乐园的。柠檬桉因树干高耸通直，树皮光滑洁白，被誉为"林中仙

女"。而在共乐园中的这株柠檬桉，因其种植的环境优良，且"出生"不同凡响，又显得更为出众。"真正的演员，美的创造者"是人们对梅兰芳先生的高度评价，而更让人们对他肃然起敬的是抗日战争时期他蓄胡拒演的行为，铿锵正气，令人敬佩。看一看，在这柠檬桉身上透露出的是正直不屈的傲骨，是腹有诗书气自华的大家风范；听一听，能听见的，是穿越时空从中华民国传来的低吟浅唱，是"与民同乐"的美好心愿。

（十三）郑成功招兵榕

中文名：榕树　　　　拉丁学名：*Ficus microcarpa*

别名：细叶榕、万年青

科：桑科　　　　　属：榕属

树龄：440年　　　古树等级：二级　　　名木类型：纪念树

胸围：1 370厘米　　树高：20多米　　　平均冠幅：21.5米

地理位置：汕头市南澳县深澳镇榴城社区总兵府内

　　南澳总兵府是一处著名的历史文化遗址，是全国唯一的海岛总兵府，位于广东省汕头市南澳县深澳镇，今称大衙口，明朝万历四年（1576年）副总兵晏继芳建，随后植此榕树。总兵府于明朝万历二十八年（1600年）地震中倾塌，副总兵郑惟藩改建于金山之麓，凿山填土工

费难成，副总兵黄岗从众议，于旧址重建。

相传民族英雄郑成功曾在该树下张榜招兵收复台湾，为了纪念郑成功的丰功伟绩，人们把总兵府前当年郑成功招兵点将处的这株古榕树誉为"郑成功招兵树"。有诗云："古榕美号招兵树，猎屿长留盟誓场。漫道无情真木石，总为志士永旌扬。"该古榕树见证了郑成功收复台湾的卓著功勋。

郑成功招兵树
Recruiting Tree of Zheng Chenggong

郑成功招兵树，榕树，树龄400多年，高20余米，主干围15米。清顺治三年（1646年，南明隆武二年）郑成功背父抗清，拥南明，与陈辉、张进乘二艘入海，收兵南澳。相传郑成功多次在这棵榕树下招兵，后人把这棵榕树称为"郑成功招兵树"。郑成功在南澳立足之后，以南澳、金门、厦门为根据地，连年出击粤、闽、江、浙，从事抗清复明活动。1661年4月21日，郑成功率水师东征台湾，翌年2月1日，侵台荷兰总督揆一投降，被红夷侵占了38年的台湾终于回归祖国怀抱。

（十四）六祖惠能手植荔枝

中文名：荔枝　　　　拉丁学名：*Litchi chinensis*

别名：丹荔、丽枝、离枝

科：无患子科　　　　属：荔枝属

树龄：1 300多年　　　古树等级：一级　　　名木类型：纪念树

胸围：450厘米　　　　树高：17米　　　　平均冠幅：15米

地理位置：云浮市新兴县六祖镇国恩寺

　　国恩寺始建于唐朝神龙年间（705—707年），其时朝廷下诏将六祖惠能的故居改建为国恩寺。在寺的东北面有一株距今已有1 300多年历史的古荔枝，相传是六祖惠能带领门徒回故居时亲手种植的。它虽历经

兴衰，甚至遭人用火烧过，但至今仍茁壮成长，巍然挺拔，枝繁叶茂，高十几米，盛夏结果，优于它荔。佛教信徒来寺寻宗访祖时，均视此树为圣物，予以参拜，且称此树为"圣树"，是"佛荔"。每逢荔果成熟季节，海内外的信众们常来此品尝佛荔果。

（十五）何仙姑千年白花鱼藤

中文名：白花鱼藤　　拉丁学名：*Derris alborubra*

别名：千年仙藤

科：豆科　　　　　　属：鱼藤属

树龄：1 300多年　　古树等级：一级

胸围：62厘米　　　树高：4米　　　　平均冠幅：30.5米

地理位置：广州市增城区小楼镇小楼社区

　　千年仙藤距何仙姑家庙300米，迄今已有1 300多年历史，相传是由何仙姑的五彩祥云丝带幻化而成，当地人称为"仙藤"，因其形状似翻滚飞腾的巨龙，人们又美其名为"盘龙古藤"。仙藤6月开花，8月结果，主干直径80厘米，延伸跨度30多米，藤主茎如龙起舞，树叶繁茂，四季常青，覆盖面积达900平方米，藤茎最粗部分周长2.3米，气势磅礴。仙藤拔地而起，攀附一株老榕，互相拥抱、依偎，犹如巨龙戏凤，让人叹为观止。

（十六）见证中印尼友谊的柚木

中文名：柚木　　　　拉丁学名：*Tectona grandis*

别名：胭脂树

科：唇形科　　　　　属：柚木属

树龄：67年　　　　　名木类型：友谊树

胸围：206厘米　　　树高：18米　　　平均冠幅：10米

地理位置：揭阳市揭东区炮台镇桃山社区新华中学

柚木是世界公认的稀有木材，被誉为"万木之王"，也是全世界著名的名贵木种之一，不仅是一种装饰材料，也是一种有传承意义的商品，更成为豪华富贵的象征。在印度尼西亚，柚木被称为"国宝"，欧洲还有句老话："老柚木，贵如金。"

万隆会议期间，周恩来总理以其独特的人格魅力赢得了世界各国的尊重，印度尼西亚政府更以赠送柚木树苗的形式表达了对周恩来总理的敬仰。这批见证着中国

和印度尼西亚两国深厚友谊的柚木被带回国内后，周恩来总理亲自安排，委托专人种植在炮台镇的新华中学内（现有8株）。它们已经成为新华中学绿色校园的标志，也是新华中学全体师生的光荣，有人为此咏歌"柚木参天意飞扬，顶风挡日傲霜寒。刺破苍穹无穷碧，敢夸砥柱立南天"。它繁殖的第二、第三代也已经遍布很多地方。

洪斌 供

三、岭南古树

（一）榕树：岭南榕翠千秋树

1. 浈江古榕树

中文名：榕树　　　　拉丁学名：*Ficus microcarpa*

别名：细叶榕、万年青

科：桑科　　　　属：榕属

树龄：450年　　　　古树等级：二级

胸围：942厘米　　　树高：23.5米　　　　平均冠幅：34.5米

地理位置：韶关市浈江区风采街道建国路社区

　　榕树是岭南地区种植历史悠久、文化内涵丰富的树种，在绿化环境中发挥着重要作用。浈江区的这株古榕树坐落于风采街道建国路社区，虽然年代久远，但依然枝繁叶茂、葱茏劲秀。

　　450年的古榕树见证了中国民主革命的变迁。1922年5月和1924年9月，伟大的民主革命先行者孙中山先生曾先后两次亲临韶关督师北伐，其大本营就设于此。当年孙中山先生和宋庆龄常在树下乘凉和谈论国家大事，此树成为中国民主革命历史的见证者。

2. 顺德古榕树

中文名：榕树　　　　拉丁学名：*Ficus microcarpa*

别名：细叶榕、万年青

科：桑科　　　　属：榕属

树龄：115年　　　　古树等级：三级

胸围：350厘米　　　树高：13米　　　　平均冠幅：16米

地理位置：佛山市顺德区容桂街道容里社区树生桥

　　佛山市顺德区容桂街道容里社区的树生桥是由3株榕树的气根盘根错节架于鹏涌之上，横跨鹏涌两岸形成的，因此树生桥又称鹏涌桥。相传清朝末年，在"树桥"生成前，鹏涌上本来有一座木桥，两岸桥头分别植有榕树数株，后因桥身废烂，屡修屡坏，村民灵机一动，将竹竿劈开掏空，盛上泥土搭在河涌上，把北岸榕树的多条气根引至南岸，分别绕于原木桥的扶手、桥板之部位，长到对岸后插入地下。年深日久，原

木腐朽，榕树气根越长越壮，几条粗壮的气根代替了木梁，村民在上面铺上木板，将其作为桥梁，于是一座宽3米、长6米的树生桥便成了，其气根最粗的直径达30厘米。岸边3株古榕树，小的也要两人才能合抱。桥南的榕树下有一古井，口窄内宽，井水清冽可鉴，榕树落叶纷纷，而古井水面却不见有叶漂浮，故称为"无叶井"。著名诗人刘逸生曾赋诗曰："岭南榕翠千秋

树，谁见鹏涌着此奇。虬臂龙筋成彴略，笑他仙鹊惯衔枝。"慕名而来的文学家、画家、摄影家、电影制作人等曾为树生桥创作了不少文艺作品。具天然奇趣、独特的树生桥景观远近闻名，现建成了树生桥公园，"榕树生桥"是容桂十景之一。

（二）荔枝：不辞长作岭南人

1. 电白古荔枝

中文名：荔枝　　　　拉丁学名：*Litchi chinensis*

别名：丹荔、丽枝、离枝

科：无患子科　　　　属：荔枝属

树龄：1 400多年　　　古树等级：一级

胸围：330厘米　　　树高：5.5米　　　平均冠幅：6.45米

地理位置：茂名市电白区霞洞镇上河村门前垌（贡园）

这株古荔枝位于霞洞上河贡园，也称霞洞新河古荔园，是茂名市四大荔枝古贡园中面积最大的贡园，占地70多公顷，起源于秦汉时期，鼎盛于隋唐时期。此园荔枝有黑叶、白蜡、大造、进奉等多个品种，其中进奉荔枝果大、肉厚、色红，其得名据说和进奉皇宫有关。

相传秦汉时期，当地百越人将原本生长在浮山岭深处的野荔枝改良并引入沙琅江畔，那些荔枝繁衍生息，形成了今天的新河古荔园。园里原有古树上万株，现存1 000多株。新河贡园进贡朝廷的历史始于汉朝。相传，在汉朝，南越武王赵佗以此园荔枝为贡品献给汉高祖。在梁朝，冼夫人让上京述职的丈夫带上荔枝献给梁武帝。在隋朝，冼夫人之孙冯盎献荔枝于隋炀帝。在唐朝，冯盎之子冯智戴入朝侍帝，也把家乡的荔枝带去献给唐高祖与唐太宗。其中广为流传的是"一骑红尘妃子笑，无人知是荔枝来"，唐玄宗身边红人高力士（冼夫人后人）让岭南节度使张九章"置骑传送"贡园荔枝给杨贵妃，博得杨贵妃倾城一笑。

这株古荔枝是贡园中的荔枝之王，被誉为"岭南荔母"，树龄

1 400多年，品种属于大造。此树果实红艳，核小肉实，当地人称为"红皮"，又因带有桂花味，所以又被称为"桂花果"。这株树高5.5米的荔枝之王躯体主干的"内脏"早已被掏空，形成一个大树洞，只剩一副躯壳，但依然耸立挺拔，开花结果如旧，可以看得出这株古树的倔强和骄傲，它是贡园沧海桑田的见证者。而在这株古树的不远处有一株被称为"岭南荔父"的古荔枝树已经枯死，仅剩树桩，甚是可惜。

2. 增城古荔枝

中文名：荔枝　　　　拉丁学名：*Litchi chinensis*

别名：丹荔、丽枝、离枝

科：无患子科　　　属：荔枝属

树龄：424年　　　古树等级：二级

胸围：140厘米　　　树高：5米　　　　平均冠幅：9米

地理位置：广州市增城区荔城街道挂绿社区挂绿广场

　　增城挂绿荔枝成熟时红紫相间，一绿线直贯到底，"挂绿"一名因此而得。增城挂绿自有文献记载至今已有400多年的历史，原产于增城新塘四望岗，后至清朝嘉庆年间（1796—1820年）因官吏勒扰，百姓不堪重负而砍光挂绿荔枝，万幸在县城西郊西园寺（现荔城挂绿广场）存

留一株至今，"西园挂绿"弥为珍贵。2002年，这株母树结出的荔枝被拍卖，共挑取10颗进行拍卖，其中一颗拍得55.5万元天价，此价格入选吉尼斯世界纪录。

明末清初屈大均《荔枝诗》咏道："端阳是处子离离，火齐如山入市时。一树增城名挂绿，冰融雪沃少人知。"清朝诗人李凤修咏道："南州荔枝无处无，增城挂绿贵如珠。兼金欲购不易得，五月尚未登盘盂。"清朝文学家朱彝尊慕名入粤观赏并赞之："闽粤荔枝，优劣向无定论……以予论之，粤中所产挂绿，斯其最矣。"足见其珍贵程度，因此被称为"荔枝之王"。

相传八仙过海中的何仙姑是增城小楼桂村人。何仙姑15岁时得仙人点化，食凤凰山云母片学会飞身法术。18岁时因父母将她许婚给一男子，何仙姑不同意，在婚礼前夕乘人不觉，飞身至罗浮山得道成仙。后因不忘家乡令人陶醉的荔枝佳果，常常回乡漫步荔枝园中。一天，何仙姑留恋西园荔枝美景，坐在树枝上编织腰带，离开时把一条绿色丝线遗留树上，绿丝飘绕在荔枝果上，于是荔枝果上都有一道绿线，人们就给它取名"挂绿"。由此可见"挂绿"之神奇和名贵，带有不凡的"仙气"。

3. 南沙古荔枝

中文名：荔枝　　　　拉丁学名：*Litchi chinensis*

别名：丹荔、丽枝、离枝

科：无患子科　　　属：荔枝属

树龄：185年　　　　古树等级：三级

胸围：389厘米　　　树高：11米　　　　平均冠幅：15米

地理位置：广州市南沙区南沙街道东井村本埔

　　南沙荔枝王位于南沙街道东井村本埔，是南沙最老的荔枝，年产量1 500～2 000千克，所以有"荔枝王"之称。据朱氏老伯介绍，东井原有一口古井泉水清甜，朱氏家族迁移至此定居后，后人在古井附近栽种荔枝，形成荔枝群，果树因生长茂盛，每年都硕果累累，受到村民爱护。

　　该树于2004年纳入南沙区南沙街荔枝协会和东井村村民委员会共同管理。荔枝味甘、酸，性温，入心经、脾经、肝经，可止呃逆和腹泻，是顽固性呃逆及五更泻者的食疗佳品，同时有补脑健身、开胃益脾、促进食欲之功效。荔枝木材坚实，纹理雅致，耐腐，历来为上等名材。《唐国史补》："杨贵妃生于蜀，好食荔枝。南海所生，尤胜蜀者，故每岁飞驰以进。然方暑而熟，经宿则败，后人皆不知之。"

（三）樟：樛枝平地虬龙走，高干半空风雨寒

1. 乐昌古樟

中文名：樟　　　　　拉丁学名：*Cinnamomum camphora*

别名：香樟、芳樟、油樟

科：樟科　　　　属：樟属

树龄：1 300多年　　　古树等级：一级

胸围：1 000厘米　　树高：20米　　　平均冠幅：28米

地理位置：韶关市乐昌市长来镇安口村贝兴

　　樟是韶关的市树，在乐昌市长来镇安口村生长着一株千年樟，它植于唐朝，是韶关树龄最大的古树，极具保护价值。古树主干离地后一分为三，枝枝壮硕，伟岸挺拔。树体基部根瘤虬结，犹如一只瑞兽伏于树干，又如一座大山巍然屹立，远观如巨型的天然盆景，堪称奇绝，于2020年被评为韶关"十大樟树王"之首，成为当地的"樟王之王"。

　　为弘扬优良的生态文化和历史文脉，当地依托优良的古树资源及古村落风貌，高标准地打造樟树王公园，彰显了"樟王"风采，园内已建有古樟树、樟榕合抱观景平台、亲水平台等景点，吸引了众多游客，成为当地生态旅游热门景点。目前，安口村继续打造"古树美、村庄美、庭院美、生态美、生活美"的绿美古树乡村，以期建设好美丽乡村，助力全域创建国家森林城市、发展生态旅游和实现乡村振兴。

2. 郁南古樟

中文名：樟　　　　　拉丁学名：*Cinnamomum camphora*

别名：香樟、芳樟、油樟

科：樟科　　　　属：樟属

树龄：1 200多年　　古树等级：一级

胸围：1 240厘米　　树高：28米　　　　平均冠幅：43米

地理位置：云浮市郁南县桂圩镇桂圩村龙岗

刘新焕　供

该树于2019年被评为"广东十大最美古树"。郁南樟树王，背靠龙头山，面朝双禾社，树如掌形，婆娑而生，呈朝迎晨曦、晚送彩霞之态，是郁南县最大的樟树。

相传李氏族人在后唐时期迁居至南雄珠玑巷，宋朝开禧年间（1205—1207年），受掩护苏王妃之累，被朝廷搜捕。李氏先人携家人避难，分别迁居至广东南海、新会、鹤山。明朝万历二十八年（1600年），为躲避官兵追杀，李氏先人李尚可携家人沿西江逆流而上，至西宁（今郁南县境）罗旁地带遇到追兵从苍梧沿江而下截杀，李氏先人被迫把船驶入建城河、桂圩河，但追兵依然紧追，危急中李氏先人看到河边有一株参天大樟树，立即弃船上岸，与家人躲进樟树主干的洞中，追兵在周围搜索了三天三夜才撤走。其后李氏先人就在这株樟树的旁边定居下来。并把这株樟树当作神树世代供奉。

1948年4月18日，中国共产党领导的"四一八"武装起义在桂圩龙岗打响第一枪。粤桂边三罗总队部分队员在从龙岗布厂转移出村之时被敌人追至大樟树旁，为了摆脱敌人的"追剿"，队员即跳进树洞隐蔽起来。村民们当即燃起香火拜树神，香烟缭绕。国民党反动派追至古樟下，四处搜寻未果，烟雾扑面，只好作罢。三罗总队队员躲过了"追剿"，平安转移。此后，三罗总队在战火中发展壮大并扩编为中国人民解放军粤中纵队第四支队，为解放三罗立下了赫赫战功，在广东武装斗争史上写下了光辉的一页。

3. 曲江古樟

中文名：樟　　　　拉丁学名：*Cinnamomum camphora*

别名：香樟、芳樟、油樟

科：樟科　　　　属：樟属

树龄：1 000多年　　古树等级：一级

胸围：1 401厘米　　树高：25米　　　平均冠幅：37米

地理位置：韶关市曲江区白土镇界滩村下界滩

该树于2019年被评为"广东十大最美古树"，2020年被评为韶关市"十大樟树王"之一。在韶关市曲江区白土镇界滩村生长着一株千年古樟，它历经风吹雨打，依旧如"卫士"般威武挺拔，主干丛状枝多，郁郁葱葱，枝繁叶茂，形如大伞，庇荫人间大地。它树形独特，树干离地约2米处延伸出16根粗壮枝干，根根伟岸挺拔，活力四射，仿佛16条飞龙从树

沈德奎 供

梁国劲 供

根处腾空而起，直冲云霄，彰显着顽强与力量，书写了生命的故事。

　　每逢夏天，人们都会到古树下纳凉歇息、戏水游憩，与村里的"守护神""幸福树"对话。古树16根遒劲的枝干寓意着村落兴旺发达，枝繁叶茂的树冠寓意着子孙后代健康成长。这株古樟见证了村落的历史变迁，是一道生机勃发的绿色风景线，也是当地绿色生态文化传承的重要部分。

4. 惠阳古樟

中文名：樟　　　　　拉丁学名：*Cinnamomum camphora*

别名：香樟、芳樟、油樟

科：樟科　　　　属：樟属

树龄：610年　　　　古树等级：一级

胸围：659厘米　　树高：18米　　　　平均冠幅：25米

地理位置：惠州市惠阳区秋长街道周田村古树公园

黄泽翰 供

树干挺拔坚韧，枝叶丰满茂密，宛如一只猛虎坐卧村头，是对这株古樟最为形象的描述。该株古樟因体量大、树龄高而被誉为"岭南第一樟"。

1919年，叶挺在这株大树下告别父老乡亲，赴漳州参加援闽粤军，从此踏上了救国救民的革命道路，这株樟树因此也被称为"将军樟"。

2006年，由当地政府、村集体和社会人士共同投资将古樟所在位置加以改造，建成了古树公园。古树公园比邻叶挺将军纪念园，园内有古樟共计10株，其中有3株为一级古树。如今，这里已成为村民休闲娱乐的好场所，到访叶挺将军纪念园的各地游客，也都会特意过来，一睹"将军樟"的风采。

5. 德庆古樟

中文名：樟　　　　　拉丁学名：*Cinnamomum camphora*

别名：香樟、芳樟、油樟

科：樟科　　　　属：樟属

树龄：289年　　　古树等级：三级

胸围：590厘米　　树高：21米　　　平均冠幅：31.5米

地理位置：肇庆市德庆县马圩镇斌山中学

　　这株古樟耸立在马圩镇斌山中学一处旧校舍前的空地上，需要三个成年人手牵手才能合抱。据德庆县史料记载及专家考证，斌山中学的前

身是斌山寺。清朝雍正十一年（1733年），德庆县麻圩（后改为马圩）社步村冯姓富商，捐赠一株樟树种植在斌山寺。20世纪20年代初期，寺庙的建筑被办起香山、斌山等中学。抗日战争期间，斌山中学内的斌山寺被毁，但是该株樟树幸存了下来。经历了数百年的风雨考验，古樟树枝干虬曲苍劲，枝叶茂密、厚实，见证了德庆县马圩镇的历史变迁。

（四）龙眼：望子成龙"许愿树"

中文名：龙眼　　　　拉丁学名：*Dimocarpus longan*

别名：桂圆

科：无患子科　　　　属：龙眼属

树龄：360年　　　　古树等级：二级

胸围：320厘米　　　树高：9米　　　　平均冠幅：8米

地理位置：江门市恩平市圣堂镇歇马村歇马公园内教子台左侧

歇马村位于恩平市圣堂镇锦江畔，是中国历史文化名村，始建于元朝至正年间（1341—1368年），距今已有670多年历史。该村村民世代秉承"笔筒量米也教子读书"的祖训，兴教育才，明清两朝培养了670多位有功名人士，举贡生、监生众多，近现代博士、硕士、大学生也有200多人，有着浓厚的重教文化氛围，是名副其实的"举人村"。歇马村有明清时皇帝亲赐的功名石碑200多块形成的功名石碑林，以及明清时期建造的有严格等级规定的明清八大旗杆。

300多年前，歇马村在功名石碑林和八大旗杆间设立了一座教子

台，并在其旁种植了两株龙眼树，这株360年的古树为其中一株，从古至今，村民常常在这里教子，期望后辈好学上进，立志成才。这株种在教子台旁的龙眼树，寓意望子成龙，也是歇马村村民的"许愿树"，歇马村村民在将要远行或者即将考试等关键时刻，都会用红纸写上自己的愿望，挂在龙眼树枝上，再默默祈福祷告，祈愿一切顺顺利利。

时光荏苒，歇马村教子台旁的古龙眼树历经岁月的洗礼，芳华依旧。这株古树见证了歇马村的历史变迁，能够引起乡村世代人的乡愁冥思，承载着离乡人的思乡情怀。

（五）杧果：彩虹谷里闲行遍，杧果香甜满树梢

1. 寮步古杧果

中文名：杧果　　拉丁学名：*Mangifera indica*

别名：芒果

科：漆树科　　属：杧果属

树龄：524年　　古树等级：一级

胸围：700厘米　　树高：16米　　平均冠幅：16米

地理位置：东莞市寮步镇横坑社区

　　东莞市寮步镇横坑古村始建于元朝延祐年间（1314—1320年），是一座有着700多年历史的古村。当地摄影发烧友钟镜棠介绍，杧果古树据传是钟氏先祖从云南带回来的品种，距今已有500余年历史，见证了古村的发展，非常难得。

　　每年夏天，在开阔而迷人的横丽湖畔，苍翠遒劲的百年老杧果树上，挂满了青黄相间的杧果，成熟后散发着迷人清香，格外引人注目。6月，不少村民特意带朋友来采摘杧果，一起品尝当地的这一农村特产。喜欢吃杧果的人，甚至可以将其连皮带肉一起吃，味道非常甜美，肉质细嫩，备受大家喜爱。当地村民在杧果树下锻炼身体，健身之余，还可以饱览古村风景，这里也成为村民喜爱的一个休闲好去处。

2. 禅城古杧果

中文名: 杧果　　　拉丁学名: *Mangifera indica*

别名: 芒果

科: 漆树科　　　属: 杧果属

树龄: 170年　　　古树等级: 三级

胸围: 289厘米　　树高: 14米　　　平均冠幅: 20米

地理位置: 佛山市禅城区祖庙街道培德社区梁园

梁园是佛山梁氏宅园的总称,它是由当地诗书名家梁蔼如、梁九章及梁九图等叔侄四人,于清朝嘉庆(1796—1820年)、道光(1821—1850年)年间陆续建成,历时40余年。梁园是清朝广东四大名园之一,为岭南园林的代表作,其石景因千姿百态、独树一帜而为人称道。园中的造园特色以水、石、庭、花木与各色建筑巧妙组合而成,追求淡雅自然的诗画意境,在岭南园林中独树一帜。时至中华民国初期,梁园已经残破,濒于损毁。鉴于其历史、艺术和观赏价值,当地政府从1982年开始进行了抢救保护,并于1994年开始大规模整修,这才得以恢复昔日辉煌。

据园中的工作人员介绍,该古杧果树是在对梁园群星草堂群体进行抢救保护时从菲律宾空运至此的,运来时树龄已有100多年,结合工作人员口述,参考胸径生长模型,估测古树树龄为170年。古杧果树,历经百年沧桑,依旧树干通直,枝繁叶茂,树形美观,果实丰硕,整体长势良好。

（六）雅榕：村庄守护神

1. 罗定古雅榕

中文名：雅榕　　　　拉丁学名：*Ficus concinna*

别名：榕树、小叶榕、细叶榕、万年青

科：桑科　　　　属：榕属

树龄：1 030年　　　　古树等级：一级

胸围：1 620厘米　　　树高：23米　　　　平均冠幅：55米

地理位置：云浮市罗定市加益镇石头村河坝寨

　　据石头村老人讲，这株雅榕为村里的风水树，被当地人称为"古树奇观"。这株雅榕很有灵性，世代庇护着村中老小，为村中"神树"，

村里谁家的小孩出生，都会在这株树上挂上一盏纸灯笼，向它许愿保佑小孩健康、聪明、快乐成长，这叫作"挂个灯"。

　　根据《罗定市志（1979—2003）》记载，该树树龄逾1 000年，经专家认定，是广东省体形最大的一株雅榕，被称为"广东雅榕王"。该树枝叶繁茂，外形如巨伞，枝如群龙，腾空而起，蔚为壮观。

2. 兴宁古雅榕

中文名：雅榕　　　　拉丁学名：*Ficus concinna*

别名：榕树、小叶榕、细叶榕、万年青

科：桑科　　　　属：榕属

树龄：964年　　　古树等级：一级

胸围：480厘米　　树高：16米　　　平均冠幅：19米

地理位置：梅州市兴宁市福兴街道办事处梅子村委会祖师殿

该树生于宋朝嘉祐三年（1058年），距今有近千年历史。古树依然枝繁叶茂，其粗大的干、厚重的枝、翠绿的叶、遒劲的根仿佛都印刻着时光的痕迹。

据传，北宋时期的探花罗孟郊年轻时家道清贫，一天，他正在山坡上放牛读书，一个老者前来问路，罗孟郊谦逊有礼地为其指路。临别时，老人说："我一定要回报你。"一日，罗孟郊获老者托梦："我看你刻苦读书，深受感动，特请玉帝摘来

九天五彩祥云，高悬此山上空，每夜亮如白昼，你就在此读书吧。"语毕，罗孟郊从梦中惊醒，翻身下床拿着书爬上了山顶，果见祥云飘至，五彩缤纷。罗孟郊有神光相助，在此雅榕下勤读诗书，功课日进，终于考中探花。人们为了纪念这位先贤，把他居住的后山改名为"神光山"。

古雅榕是这神山中凝聚灵气的所在，在当地人心中，千年古树见证了人世间太多的悲欢离合，已经有了灵性，是神的化身。人们会把寄托美好愿望的红丝带系在古树下的架子上，许下最美好的祝愿，此树已俨然成为当地人的"许愿树"。

3. 曲江古雅榕

中文名：雅榕　　　　拉丁学名：*Ficus concinna*

别名：榕树、小叶榕、细叶榕、万年青

科：桑科　　　　属：榕属

树龄：950年　　　　古树等级：一级

胸围：1 232厘米　　树高：22米　　　　平均冠幅：48.5米

地理位置：韶关市曲江区白土镇龙皇洞村江岐

榕属植物是岭南地区种植历史悠久、文化内涵丰富的树种，常见于乡村自然环境中。榕属植物的气根千丝万缕，恰似长髯随风飘拂，

又有垂柳的婆娑多姿。像藤蔓一样同根生长、脉络相连的"连体生长"现象，是木本植物世界中最为独特的现象，造就了独树成林的"榕荫遮半天"奇景。

白土镇这株古雅榕位于村庄的风水林内，是当地一道亮丽的风景线，其树形十分高大，似一把大伞，多主干，枝条蜿蜒盘旋，磅礴大气，枝繁叶茂，极具观赏性。它像一位饱经风霜的老者守护着村庄，呵护村庄的安宁，被当地奉为"龙脉神树"，早已成为人们的精神寄托，因此村民对其爱护有加。

4. 东源古雅榕

中文名：雅榕　　　　拉丁学名：*Ficus concinna*

别名：榕树、小叶榕、细叶榕、万年青

科：桑科　　　　属：榕属

树龄：510年　　　　古树等级：一级

胸围：1 020厘米　　　树高：29米　　　　平均冠幅：45米

地理位置：河源市东源县新港镇泮坑村为关甲

泮坑村（原半坑村）张氏族谱中有记录，张氏祖先于明朝定居该村时已有此树。

　　据县志记载，在清朝咸丰四年（1854年）十月初十有陈姓逆首率匪徒无数，由蔡庄（今灯塔镇）行至半坑村，在远处看该树，树干足有盆口粗，像一座高耸入云的宝塔，既挺拔又茂盛，于是在半坑村驻扎，欲焚劫民房、掠夺财物。十一日，当地乡勇组织起来与贼寇酣战，乡勇们守土尽责，奋勇杀敌，以一当百，在雅榕下大败贼寇，伤毙贼寇400余人，余寇逃窜回平陵（今属龙门县）。由此，当地及周边村民的生命财产得以保全，该树就成了当地的"风水树"。

　　在村民看来，雅榕慈厚，富有灵气，有喜庆辟邪的意义。此雅榕生长在新港镇泮坑村村委会门前，挺拔苍劲，树形舒展大气，树枝曲折横斜，枝叶千姿百态，亭亭如盖，犹如一把"大蒲扇"，500多年来一直为村民遮风挡雨。

（七）木棉：英雄树

1. 樟村古木棉

中文名：木棉　　　　拉丁学名：*Bombax ceiba*

别名：红棉、英雄树

科：锦葵科　　　　属：木棉属

树龄：813年　　　　古树等级：一级

胸围：520厘米　　　树高：15米　　　　平均冠幅：8.5米

地理位置：东莞市东城街道樟村社区

樟村古木棉种植于宋宁宗时期（1195—1224年），距今已有800多年的历史。

据《樟村志》记载，相传明朝万历年间（1573—1620年）的一个晚上，这株木棉的树冠突然华光四射，闪烁生辉，枝干玲珑通透，蔚为壮观，几里外仍可见光环。此景实为晚上无数萤火虫飞来布满了全树，掩映着满树红花，构成"火树银花"的奇观，村民谓之人杰地灵，木棉也因此备受宠爱，不仅成了樟村的象征，更成为樟村人心目中的保护神。此事在历史上被誉为"章山火树"，列入樟村八景之一。

随着岁月变迁，木棉旁又长出一株榕树与之相伴，乡亲视之为象征男女爱情的"连理树"。东江大堤建设期间，市人民政府决意保存此活文物，加宽路面，左右分道单行以避让此树，使之得以保存，至今屹立在东江畔。

2. 中山纪念堂古木棉

中文名：木棉　　　　拉丁学名：*Bombax ceiba*

别名：红棉、英雄树

科：锦葵科　　　　属：木棉属

树龄：348年　　　　古树等级：二级

胸围：588厘米　　树高：25米　　　　平均冠幅：35米

地理位置：广州市越秀区洪桥街道应元社区中山纪念堂

　　该树于2018年被遴选为"中国最美木棉"。木棉是广州市的市花，它在花城往事中扮演着主角。广州市最古老的木棉王就坐落在具有深厚历史文化底蕴的中山纪念堂的东北角。虽

然年代久远，但是它依然雄伟如故。每当春天来临，中山纪念堂的木棉王万花绽放，一片嫣红。它是广东省6株"中国最美古树"之一。

该树见证了广州山河田海的沧桑巨变，见证了在中山纪念堂发生的重大历史事件，如抗日战争时期广东地区日军在中山纪念堂签字投降仪式、国内外领导人及海内外贵宾来访中山纪念堂、北京奥运火炬传递、亚运会会徽发布及各种纪念孙中山先生的活动等。

木棉王脚下有一块立石，上面刻着广州市原市长朱光的词："广州好，人道木棉雄。落叶开花飞火凤，参天擎日舞丹龙，三月正春风。"这首词正是中山纪念堂木棉王的最佳写照。

（八）细柄蕈树：遒劲沧桑，遮天蔽日

中文名：细柄蕈树　　拉丁学名：*Altingia gracilipes*

别名：细叶檀、阿丁枫

科：蕈树科　　　　　属：蕈树属

树龄：550年　　　　古树等级：一级

胸围：820厘米　　　树高：25米　　　平均冠幅：35米

地理位置：梅州市平远县泗水镇金田村营子里

　　站在山脚下，远远就能看到山坡上遮天蔽日的林貌，俨然一片神秘的原始森林。走近古树，你会惊叹于该树所散发生长出来的枝冠之巨大：占了500多平方米山地，古树主干粗壮，枝繁叶茂，盘根错节的根系犹如盘虬卧龙，树干遒劲沧桑，12条分枝冲天而起，将猛烈的阳光完全隔绝在外，只剩下透过叶缝的点点星光。这株被大自然雕塑成的古树，主干周长近9米，五六个成年人都难以将其合抱。

　　平远县有12个镇，恰巧该树长出了12条分枝，象征着团结一心。该树呵护着当地的村民，村民都非常爱惜这株古树，称该树为"伯公树"，相信这株古树会给他们带来好运，逢年过节都会去树下祈福，祈求家人健康平安。

（九）秋枫：千岁佛祖树

1. 月城古秋枫

中文名：秋枫　　　　拉丁学名：*Bischofia javanica*

别名：秋风子、茄冬

科：叶下珠科　　　属：秋枫属

树龄：1 100多年　　　古树等级：一级

胸围：1 070厘米　　　树高：15米　　　平均冠幅：17.5米

地理位置：揭阳市揭东区月城镇玉步头村天后古庙旁

秋枫是大戟科秋枫属常绿或半常绿大乔木，高可达40米，树干圆满通直，老树皮粗糙，内皮纤维略发达，小枝无毛。

潮汕地区古为南蛮之地，宋朝时期，传说有十八路反王作乱，"南蛮十八洞传说"和潮剧《杨文广平南》中都有提到：宋朝元帅杨文广奉旨到潮汕平乱，当时杨家将驻扎在黄岐山前，一次杨文广黑夜远眺，见两树闪烁奇光，于是，一路追逐到此，找到了盘踞在平定桥附近洪山洞之妖——桃花公主，并设计将其降服。

传说清朝初期有一高僧云游至此，察觉树王异常，见有大蟒隐形其中，恐其荼毒生灵，遂建天福庵，借神光驱邪，又立石树碑镇之，此后当地未见受其害者。至清末，一日乌云密布，两树虽间距几十米，但树梢紧缠，瘴气弥漫，顷刻一声霹雳，古树身上被劈去一半。斗转星移，后鸟粪传籽，秋枫古树的边上长出了榕树，榕树与秋枫缠绕而生，形成了如今独特的古树奇景，蔚为壮观。

李琨渊 供

2. 企石古秋枫

中文名：秋枫　　　拉丁学名：*Bischofia javanica*

别名：秋风子、茄冬

科：叶下珠科　　　属：秋枫属

树龄：1 000多年　　　古树等级：一级

胸围：890厘米　　　树高：16米　　　平均冠幅：11米

地理位置：东莞市企石镇旧围村

千年秋枫是东莞市最老的古树，立于企石镇旧围村，树根盘根错节，皮瘤显突，犹如虎爪，老干挺拔，冠茂深绿，独成一景。

据史料记载，黄氏祖宗在北宋咸平年间（998—1003年）辽入侵中原后从南雄珠玑巷南迁至此，立围时种下秋枫以祈求后代繁荣昌盛。该树种在黄氏宗祠一侧，有"左手祠堂、右手秋枫"之记相传至今。

1935年，时任惠阳县县长黄惠波回企石寻根问祖时即凭"左手祠堂、右手秋枫"的祖宗遗言而寻得旧围村［黄惠波之祖黄文瑞在明朝洪武年间（1368—1398年）离乡到惠阳谋生，黄惠波是第二十七代孙］。1943年，东莞遭遇大旱，秋枫枝枯叶落，只剩下主干，但其近千年的盘根仍吸收大地精华并顽强地生存了下来。1960年，当地引东江水筑成水库，灌溉农田，水库水位较高，导致秋枫的根部被浸泡在水里数月，秋枫奄奄一息。一家船厂想趁机将这株秋枫砍走，用于造船。当村民获知消息，到现场制止，古树才得以保存。

此树历经千年见证了人世间的变迁，实为价值无量。如今企石镇围绕右秋枫建成了以古树为主题的"秋枫公园"，秋枫古树成为公园的知名景点。

3. 徐闻古秋枫

中文名：秋枫　　　　拉丁学名：*Bischofia javanica*

别名：秋风子、茄冬

科：叶下珠科　　　　属：秋枫属

树龄：710年　　　　古树等级：一级

胸围：1 100厘米　　树高：21.5米　　　平均冠幅：18米

地理位置：湛江市徐闻县曲界镇高坡村那朗

那朗是历史悠久的村庄。据村中老人说，该村村民早在明朝中期就迁居于此地，历21代。该村最令人瞩目的是村内那株古老的参天大树——秋枫。

据《徐闻县志》记载，这株秋枫树龄700多年，树姿极为壮观。相传秋枫古树是先人为祈求子孙后代繁荣昌盛而种下的，在很久以前就是村庄的一个传奇标志。该树高大粗壮，树干于2米多高处形成多个分叉，枝杈繁茂，树冠扩展。树干不是圆柱状而是呈长方柱状，形似一面坚实厚重的巨大墙壁，需十几个成年人手拉手才能合抱。

秋枫古树最具特色的是树头一侧气生根浮凸，酷似"招财笑脸佛"，当地人又称该古树为"千岁佛祖树"。"佛像"呈坐状，高约1.4米，宽约2米，佛脸上绽放着甜蜜的笑容，它展示着遒劲、幽远、古朴的气质，很多人慕名而来一睹真容。村民觉得古秋枫很有灵性，把它当作村里的"镇村之宝"，对其珍爱有加，便在其周围砌起围坛，挂起"保护牌"，并在旁边建起了休憩公园，专供游人欣赏。

4. 广宁古秋枫

中文名：秋枫　　　　拉丁学名：*Bischofia javanica*

别名：秋风子、茄冬

科：叶下珠科　　　属：秋枫属

树龄：270年　　　古树等级：三级

胸围：680厘米　　树高：19米　　　　平均冠幅：28.5米

地理位置：肇庆市广宁县潭布镇塘下村上黎

该株秋枫是上黎先人于清朝乾隆年间（1736—1795年）种下的，树叶繁茂，树冠圆盖形，树姿壮观。它年复一年地生长着，每一年都有自己的独特之处。该树有树瘤，枝干形状奇特而优美，再加上树叶姿态婆娑，成为树形奇特的古树。

（十）高山榕：独树成林

中文名：高山榕　　拉丁学名：*Ficus altissima*

别名：鸡榕、大叶榕、万年青、大青树

科：桑科　　　　　属：榕属

树龄：310年　　　古树等级：二级

胸围：820厘米　　树高：15米　　　平均冠幅：45米

地理位置：茂名市高州市马贵镇马贵村

　　该株高山榕由村民先祖栽植于清朝康熙年间（1662—1722年），其整体树貌令人叹为观止：树冠宽阔相连，覆盖面积3 000多平方米，有27条气生根，最粗的气生根比主枝干还粗。该树树干要五个成年人手拉手才能抱住，村民把它作为村中稀有的风水宝树，它开枝散叶，如同守护神一般庇佑着当地风调雨顺、家宅兴旺。

　　该株古树历经风云年代的沧桑，见证了马贵村的细水长流，承载着马贵村一代又一代人的记忆，陪伴着马贵村人从孩儿时期在树下嬉戏打闹到耄耋之年在树下下棋、聊天，不变的依然是那株为他们遮风挡雨的古高山榕。该树除见证了马贵村一代又一代人的成长，同时也见证了马贵村从一座贫困山村演变成一座以发展绿色生态经济为主线的文明村。

（十一）马尾松：村口的"卫兵"

中文名：马尾松　　拉丁学名：*Pinus massoniana*

别名：枞松、山松、青松

科：松科　　　　属：松属

树龄：605年　　　古树等级：一级

胸围：440厘米　　树高：27米　　　平均冠幅：183米

地理位置：云浮市罗定市附城街道木护村打达坑

　　古马尾松体态魁梧，苍劲挺拔，树皮厚如盔甲，上面长满了青苔，三个成年人才能合抱，可与山西长治的"九杆旗"媲美。

　　古马尾松像个"卫兵"拱卫在村口，是该村的风水宝树，一直庇佑着这个"世外桃源"般的村庄。令人啧啧称奇的是，这株古马尾松具有非凡的"灵性"。村民说，1976年毛主席逝世后，村民惊奇地发现，古马尾松上一条重要枝干竟自然折落，而当村里有什么重大的喜事时，它就长得特别旺盛，显得"青春焕发"。村民都说这是一株神奇的"圣树"。

（十二）格木：赓续中华文脉

中文名：格木　　　　　　　拉丁学名：*Erythrophleum fordii*

别名：铁木、斗登风

科：豆科　　　　属：格木属

树龄：206年　　　古树等级：三级

胸围：330厘米　　树高：17米　　　平均冠幅：20.5米

地理位置：广州市从化区文沁路1号广州国家版本馆

　　该树原为广州市从化区良口镇塘料村的风水树。这株古树曾立于山林之中，后来在广州国家版本馆项目建设过程中，设计者认真贯彻新发展理念，为保护项目原址中这株200多年的格木古树，对建筑空间布局进行了优化调整，同时邀请省、市林业专家成立工作组，对古树进行生长状况实时监测和养护，让古树与建筑相融共生。

　　关于这株古树，还有一个民间故事。据当地村民介绍，先民到达此地居住时原有七口塘，随着时代变迁，只剩下一口塘和三株古树，其中200多年的格木和150多年的秋枫被保留了下来。还有一株150多年的木棉，在2016年村子搬迁时被村民砍掉。就在村民准备砍伐格木时，砍伐使用的油锯坏了，就没有继续砍伐，这一放，也使得200多年的格木古树被保留了下来。

　　如今，格木古树化为广州国家版本馆建筑文化的基石，焕发新芽，更添了"植根中华"的新意，与文沁阁内保藏的上百万种版本一起，存续文化底蕴，赓续中华文脉。

（十三）阳桃：凉风习习，古韵悠然

中文名：阳桃　　　　拉丁学名：*Averrhoa carambola*

别名：洋桃、五敛子、杨桃、酸阳桃

科：酢浆草科　　　　属：阳桃属

树龄：354年　　　　古树等级：二级

胸围：247厘米　　　树高：12米　　　平均冠幅：11米

地理位置：江门市新会区双水镇上凌村大圣寺

江门市新会区双水镇将军山的大圣寺是一座始建于明朝万历年间（1573—1620年）的古庙宇，距今已有400多年历史。大圣寺供奉的是玉封文武左相大圣、玉封圣殿土地大人和众多大将军的神像。

据传该阳桃树在建寺之后栽植，现生长于将军山大圣庙后门之旁，树龄虽老但是枝叶茂盛苍翠，绿叶盖地。阳桃树旁边有一条山溪，这里有前人留下的"小蓬莱""静心"等石刻，古树浓荫密闭，凉风习习，古韵悠然，即使炎炎夏日仍令人有心旷神怡之感，让人倍感清凉。

（十四）红鳞蒲桃：迎来送往，约定承诺

中文名：红鳞蒲桃　　拉丁学名：*Syzygium hancei*

别名：韩氏蒲桃、红车

科：桃金娘科　　　　属：蒲桃属

树龄：414年　　　　古树等级：二级

胸围：350厘米　　　树高：12米　　　　平均冠幅：16米

地理位置：东莞市大岭山镇新塘村

　　该树于2009年被评为"东莞十
大美树"。相传在明末时期，红鳞
蒲桃曾普遍种植于新塘村水口一
带，常与围前鱼塘边的多种果树并
排而种。历经几百年风雨和历史沧
桑，该古树依旧屹立不倒。每逢有
人远出，古树是离别的见证；遥望外出人归家，古树又是老人妻儿等候
的见证。400多年的迎来送往，村民们约定承诺，总离不开村口的这株
高大的古树，它高大的形象象征着村民心中的一份诚信，它已成为村民
的守护神，守护在村口。

（十五）竹节树：大树底下好乘凉

中文名：竹节树　　　拉丁学名：*Carallia brachiata*

别名：鹅肾木、山竹犁、竹球

科：红树科　　　　属：竹节树属

树龄：660年　　　古树等级：一级

胸围：390厘米　　树高：8.6米　　　平均冠幅：22米

地理位置：湛江市雷州市客路镇六梅村吴西湾

吴西湾这株古竹节树，在建村选址时就已存在，据传村民祖辈当时因为看中这株大树枝叶繁茂、树叶婆娑，可为当地的村民遮风挡雨，而且大树底下好乘凉，为祈求本村庄风调雨顺、世代繁盛，所以将祠堂建于竹节树前。竹节树和祠堂现在成为吴西湾的主要活动场所。

古竹节树历经沧桑，树干依然粗壮坚实，苍劲有力，树冠宽阔，枝叶繁茂，当地村民把该树当作上天恩赐他们的神树、风水树，祈祷吴西湾的发展如同它的长势一般开枝散叶，充满活力。

该树早已是吴西湾不可分割的一部分，承载着吴西湾几百年的历史，继续陪伴着吴西湾的子子孙孙，向他们诉说吴西湾的历史。

（十六）木樨：自是花中第一流

1. 阳山古木樨

中文名：木樨　　　　拉丁学名：*Osmanthus fragrans*

别名：桂花

科：木樨科　　　　属：木樨属

树龄：1 020年　　　古树等级：一级

正门右侧树胸围：170厘米　　树高：9米　　平均冠幅：12米

正门左侧树胸围：150厘米　　树高：6米　　平均冠幅：7.5米

地理位置：清远市阳山县北山古寺门口

　　桂花是中国传统十大名花之一，为木樨属众多树木的俗称，代表物种为木樨。桂花终年常绿，枝繁叶茂，秋季开花，芳香四溢，在园林中

应用普遍。清远市阳山县北山古寺门前生长着一对千年木樨，这对木樨采用对植的造景手法，意为"双桂当庭""双桂留芳"。

北山古寺门前的这对木樨，相传是唐朝文学家韩愈被贬至阳山做县令，对当地有开风化之功，人们为纪念韩愈而将当地这座山取名为贤令山，并于明朝嘉靖年间（1522—1566年）在此山建寺，后将这对木樨移植至寺门前，在历代人的精心呵护下保存至今。

中国的桂花栽培历史有2 500年以上，它自古以来就受人喜爱，寓意美好吉祥、清雅高洁。唐朝文人栽植桂花十分普遍，宋朝民间开始广泛栽培，昌盛于明初，它清可绝尘，浓能远溢，堪称一绝，对桂花描述赞美的诗词歌赋不胜枚举，有佳句"暗淡轻黄体性柔，情疏迹远只香留。何须浅碧深红色，自是花中第一流"等。

2. 大埔古木樨

中文名：木樨　　　　拉丁学名：*Osmanthus fragrans*

别名：桂花

科：木樨科　　　　属：木樨属

树龄：150多年　　　古树等级：三级

胸围：430厘米　　　树高：23米　　　平均冠幅：11.3米

地理位置：梅州市大埔县湖寮镇长新村长命磜

　　相传唐朝元和年间（806—820年），福建沙县的一个小山村的一株木槵旁，住着一对年过半百的夫妻，他们生下一男婴，取名"潘了拳"。

　　了拳年幼，父母双亡，14岁遂出家，取法号"惭愧"，17岁携母亲留下的九颗木槵种子，向粤东云游。他行前梦见佛祖谓之："每逢山腰小溪旁种下一颗木槵种子，生长成活区域即是行止建室之地。"惭愧祖师一路种下八颗种子，均未成活。一日，他行至今梅州市大埔县湖寮镇长新村长命磜的一条半山小溪旁小憩，饥饿劳累中他困了，梦中一名叫桂儿的客家村姑，执一蜜柚送其充饥，惭愧祖师就着溪水食毕，心满意足地醒来，不见了女孩，却见一地食后的蜜柚种子。惭愧祖师为还报，将怀中最后一颗木槵种子种在了小溪旁，并将地上的蜜柚种子撒在了近旁的山坡上。数日后，新芽破土而出，木槵竟在此种活了，山坡上也长满了蜜柚树苗。

　　后来，惭愧祖师终于在近处的阴那山觅得了适合建室的宝地，遂于当地筑石室参学，取名"万福寺"，成为粤东一带颇有影响的一代高僧。这株树龄150余年的木槵，相传是当年惭愧祖师种下木槵的后代。

（十七）人面子：遮天蔽日，苍劲挺拔

1. 博罗古人面子

中文名：人面子　　　　拉丁学名：*Dracontomelon duperreanum*

别名：人面树、银莲果

科：漆树科　　　　属：人面子属

树龄：1 270多年　　　古树等级：一级

胸围：700厘米　　　树高：38米　　　　平均冠幅：18米

地理位置：惠州市博罗县罗浮山风景名胜区

　　古树位于罗浮山华首寺（华首台）。华首寺位于罗浮山西麓，背倚孤青峰，是著名的佛教圣地，被称为罗浮山第一禅林，因相传唐朝有五百华首真人会集于此而得名。

　　华首寺旁大雄宝殿左侧，有一株树龄达千年的人面子树，据介绍，这株树可以追溯到古寺的开山祖师。唐朝开元二十六年（738年），六祖慧能有两个在南华寺的徒弟过来罗浮山兴建寺院，皇帝赐名"华首禅寺"，此树为开山祖师亲手所植，历经千年，仍以生机盎然的姿态伫立于天地之间。

　　如今，古树树冠硕大，主干粗壮，仍然长势旺盛，五个成年人手挽手围成圈仍不能合抱。如今千年古人面子树已成为华首寺独特一景，不少海内外游客慕名而来，参拜这个"老寿星"，祈祷家庭平安、事业兴旺。

2. 四会古人面子

中文名：人面子　　拉丁学名：*Dracontomelon duperreanum*

别名：人面树、银莲果

科：漆树科　　　　属：人面子属

树龄：552年　　　古树等级：一级

胸围：670厘米　　树高：25米　　　平均冠幅：32米

地理位置：肇庆市四会市罗源镇石寨村公路站旁

该树于2018年被遴选为"中国最美人面子"，2019年被评为"广东十大最美古树"。石寨村村民一直有栽植人面子的习惯，当地有"人面

子之乡"之誉。该树由江氏先祖江晦岩于1470年从四会高街尾江巷迁徙来石寨村时栽植，如今古树依然枝叶繁茂，苍古挺拔，年年开花结果，年产人面子果500千克，要四人才能拉手环抱树干。

一个村庄因为有了古树的守候，才有了灵气，有它陪伴的岁月，村子宁静而安详，村子里的生活如桃花源一般神秘而美好。

村民都认为这株古树不仅是一株大树，更是石寨村的根，是石寨村村民的心灵依托，有这株古树的陪伴与支持，面对任何艰难险阻都有了迎难而上的勇气，它支撑着石寨村村民建设更加美好的家园。

（十八）见血封喉："九龙神树"

中文名：见血封喉　　拉丁学名：*Antiaris toxicaria*

别名：药树、大毒木、弩箭王、箭毒木

科：桑科　　　　　　属：见血封喉属

树龄：530年　　　　古树等级：一级

胸围：502厘米　　树高：16米　　　平均冠幅：27米

地理位置：湛江市麻章区太平镇王村古村公园

　　该树于2019年被评为"广东十大最美古树"。该树远远望去就如一把巨大的绿色罗伞屹立在村中，高大宽阔的树冠遮天蔽日，绿荫覆盖面积1 000多平方米，粗壮的身躯需要五个成年人手拉着手才能围抱。隆起于地面高1.5米左右的板根，牢牢地趴扎在土地上，发达的树根繁衍出千

何盈 供

奇百怪的动物形象向四周爬伸、盘绕。或盘曲一团，裹住石头，形似城墙，其中有些树根竟然穿石而过，与石头融为一体，分不出是石头还是树根；或深入地下，虎踞龙盘，形如"九龙会聚"，活灵活现，村民们都形象地称它为"九龙神树"。

见血封喉又名箭毒木，其乳白色汁液含有剧毒，一经接触人畜伤口，即可经血液进入心脏，导致心搏骤停，血管封闭，血液凝固，以至窒息死亡，故称"见血封喉"。但只要不伤害它，树汁不接触伤口就没事。

当地人更喜欢称它为柑芦树，说其果子既可入药，又可以食用，有成熟柿子的味道。相传在以往遇到敌人入侵时，女人和儿童在后方将见血封喉的汁液涂于箭头，送到前方给男人们在战场上杀敌，屡战屡胜，击退了入侵的敌人，顽强地保住了自己世代居住的家园。而在和平时期，该株古树的树底成为村民休憩娱乐的场所，特别是在炎热的夏季，树荫下凉风阵阵，清风送爽。大人们坐在树下纳凉聊天、唱雷歌，学生们在树下读书学习，孩子们在树旁与"九龙"嬉戏，呈现出人与自然和谐共处的祥和景象。

（十九）苦槠：良好的防火树种

中文名：苦槠　　　　　拉丁学名：*Castanopsis sclerophylla*

别名：苦槠栲

科：壳斗科　　　　　属：锥属

树龄：330年　　　　　古树等级：二级

胸围：314厘米　　　树高：22米　　　平均冠幅：14米

地理位置：惠州市龙门县南昆山生态旅游区下坪社区谷尾

　　传说明朝末期，南昆山附近乡村出了个姓张的武将，此人智勇双全，屡立战功，朝廷恩准其还乡省亲。张将军衣锦还乡，听说南昆山

石佛灵验，便备了三牲祭品前往拜祭，请求佛爷保佑南昆山百姓免受兵祸天灾，能够安居乐业。后来，一支清兵想来骚扰南昆山百姓，但到了山下突然飞沙走石，草木皆兵，清兵惊慌失措，不战自败，百姓安然无事。张将军又前往拜谢佛爷。此时明朝已亡，张将军无意涉世，愿陪佛爷，久而久之，跪化成石，成为南昆山著名景点之一——"将

军拜佛"。离"将军拜佛"不远有块一丈见方的石头，形似马鞍，据传正是张将军的坐骑所用之物。

三百多年来，在佛爷和将军的福佑之下，南昆山森林茂密，古树参天。此株苦槠古树正是南昆山古树群的其中一株。如今风烛残年的古树树干依然高耸挺拔，枝叶茂密，经历了无数个春夏秋冬的轮回，沧桑的树干仿佛被岁月之刀雕刻出一道道深深的纵纹，遒劲的枝干见证了数百年的风雨变幻，而将生命的意义凝结于广袤的大地之上。

（二十）铁冬青：一树冬青人未归

中文名：铁冬青　　　拉丁学名：*Ilex rotunda*

别名：赤树

科：冬青科　　　　属：冬青属

树龄：600多年　　　古树等级：一级

胸围：372厘米　　　树高：8米　　　　平均冠幅：24米

地理位置：河源市东源县船塘镇积良村后山

　　相传曾有一位高僧云游至此处，种下此树。铁冬青历经岁月洗礼，树形苍劲，枝形奇特，枝条蜿蜒曲折，犹如苍龙巨爪，又被村民称为"龙爪树"。唐朝诗人李商隐曾在《访隐者不遇成二绝》中写道："秋水悠悠浸野扉，梦中来数觉来稀。玄蝉去尽叶黄落，一树冬青人未归。"诗人借铁冬青表达自己对山中超尘出俗的高人隐士的赞赏和期许。村民很爱护这株铁冬青，当地群众把它奉为风水宝树，逢年过节在"龙爪树"下焚香祭拜，祈愿风调雨顺、家业兴旺、生活富裕安康。

　　据《岭南采药录》记载，铁冬青具有药用价值，其叶和树皮入药，清热毒效果明显。此铁冬青古树生长在距离居住区稍远的后山上，树皮灰色至灰黑色，叶子深绿色，枝条紫色，树形古朴美观，离地1.5米处分为4条主枝，小枝圆柱形，较老枝处有裂缝。由于树龄较大，已多年未结果。

（二十一）南方红豆杉："植物大熊猫"

中文名：南方红豆杉　**拉丁学名**：*Taxus wallichiana var. mairei*

别名：红豆杉

科：红豆杉科　　　　**属**：红豆杉属

树龄：1 150年　　　　**古树等级**：一级

胸围：520厘米　　　**树高**：20米　　　**平均冠幅**：8米

地理位置：韶关市仁化县红山镇烟竹村大村屋背

　　该树于2019年被评为"广东十大最美古树"。该古树树干古朴通直，雄伟壮观，树冠开展，枝叶浓郁，果熟期果实满枝，红润剔透，惹人喜爱，被当地人称为"红豆杉王"。相传该树是唐朝时村民在一次出游时，看到一棵树上红红的果实挂在枝头，甚是美观喜庆，便将它的果实采摘，带回村中种植，生长至今。古树深得村民喜爱和政府重视。

　　南方红豆杉被列入《国家重点保护野生植物名录》（2021年）、《濒危野生动植物种国际贸易公约》（CITES）附录Ⅱ，是世界公认的易危植物，是名副其实的"植物大熊猫"。南方红豆杉是优良珍贵树种，枝干材质坚硬，纹理致密，不翘不裂，是木材中的极品，有"千枞万杉，当不得红榧（南方红豆杉）一枝丫"之说。另外，南方红豆杉多属鸟类取食带传播，故零星分散在自然环境中。由于自然条件下南方红豆杉生长速度缓慢，再生能力差，故种群数量稀少。故此株南方红豆杉的存在显得尤为珍贵。

（二十二）枳椇：最美古树"糖果树"

中文名：枳椇　　　　拉丁学名：*Hovenia acerba*

别名：拐枣、万寿果、鸡爪果

科：鼠李科　　　　属：枳椇属

树龄：500多年　　　古树等级：一级

胸围：480厘米　　　树高：26米　　　平均冠幅：25米

地理位置：韶关市南雄市坪田镇迳洞村冯屋

叶广棻 供

该树于2018年被遴选为"中国最美枳椇"。在《诗经·小雅·南山有台》中有"南山有枸"的诗句，《辞源》中解释道："枸即枳椇，南山谓之秦岭。"这一历史资料体现出枳椇在我国栽培利用的历史久远。外国一位学者对枳椇做过不少研究，他认为枳椇是地球上古老的果树之一，在地球上的历史已超过500万年。

这株枳椇种植于明朝正德年间（1506—1521年），生长在冯屋古银杏群中，

树干直立粗壮，基部干心有空洞，枝干生长良好，枝繁叶茂，果梗虬曲，状甚奇特，树高大挺拔，雄伟奇俊。

枳椇树形优美，叶大荫浓，叶片秋染黄色、红色，是良好的观赏树种。枳椇还浑身是宝。树干是优良的木材，其木材细致坚硬，纹理美观，可用于制作家具、乐器及工艺品等。树皮和果实均可入药。其肥大的果柄含糖量高，可生食、酿酒、煲汤、熬糖等，因而枳椇有"糖果树"的盛名。它还是良好的食源性树种，能吸引蜜蜂和鸟类来采蜜啄食，故有"枳枸来巢"的佳句。

（二十三）桂木：雷州第一胭脂

中文名：桂木　　　　拉丁学名：*Artocarpus parvus*

别名：大叶胭脂、红桂木、胭脂木

科：桑科　　　　　属：波罗蜜属

树龄：620多年　　　古树等级：一级

胸围：810厘米　　　树高：13米　　　平均冠幅：11.5米

地理位置：湛江市雷州市英利镇三家村里家

叶广衆 供

　　走进里家，就会看到一株需要六七个成年人手拉手方可抱住主树干的参天大树，该树树叶婆娑，形成遮天蔽日的巨伞。相传这株古树是明朝洪武年间（1368—1398年）自然生长于此的，是雷州半岛最老的一株古桂木，在历史的长河中冲刷，饱受沧桑，依然苍劲有力，枝叶繁茂，凸出部分因造型奇特，村民形象地形容那是"狮子的爪子"，成为村里一道亮丽的风景线。

　　据说，里家原来是一片荒野，只有这一株桂木在此生长，从福建莆田来此经商的两兄弟因为水土不服而患有皮肤病，他们路过桂木的时候就在树下暂作休息。他们见阳光刺眼，便摘下两片树叶放在脸上遮阴，因为刚摘下的树叶留有树的汁液，汁液滴在兄弟俩那患有皮肤病的脸上，马上止痒了。兄弟俩见状，便摘了叶子搓揉，将树汁涂抹在患有皮肤病的脸和手上，很快就见效了，两人的皮肤病从此治愈。那兄弟俩觉得这是他们生命中的贵树，这里是他们的风水宝地，于是就在里家安居乐业。桂木树汁能消炎止痒这个说法也就流传了下来，当村民患有皮肤病的时候，便会摘桂木树叶回去煮水清洗，这个方法非常灵验。

　　这株古树见证了里家的发展历程，也见证了解放雷州半岛的历史时刻。解放雷州半岛的时候，各地战火纷乱，很多古树古迹都在战火中被毁坏，这株古桂木在当地村民的保护下得以生存下来。由于古树附近杂草丛生，地势比较安全，该村共产党员张芝经、游景华、黄轩、蔡不开、廖月童等经常在隐蔽的古树下开展革命活动。古树见证了为解放战争胜利而奋斗的革命足迹。1992年，该村被评定为"革命老区"。

（二十四）波罗蜜：中泰友谊的见证

中文名：波罗蜜　　拉丁学名：*Artocarpus heterophyllus*

别名：树菠萝

科：桑科　　　　　属：波罗蜜属

树龄：424年　　　古树等级：二级

胸围：180厘米　　树高：9米　　　平均冠幅：11.5米

地理位置：汕头市澄海区溪南镇仙门村

该波罗蜜长于唐伯元故居后花园内，曾遭受雷击，主干倒下，侧枝仍然矗立，树冠优美。

据传，这株波罗蜜乃唐伯元在朝为官时暹罗国（中国对现东南亚国家泰国的古称）官员赠苗，唐伯元晚年时移植于此地，现在波罗蜜仍然结果，历经数百年，其结下的果实不计其数。唐伯元（1540—1597年），明朝潮州府澄海县苏湾都仙门里

唐学冲 供

（今属汕头市澄海区）人，理学家，曾师从吕怀，继承湛若水的学术观点，并使之更具实践性，认为心性（或曰天理）是以物为载体的，离开物，心性便无从谈起。其一生著述10多部，但存世不多。唐伯元晚年归隐，回到潮州，筑醉经楼于潮州府城西西湖山北麓的寿安寺旁，命名为梅花庄。《明史》称唐伯元为"岭海士大夫仪表"。逝世后，明熹宗追赐"理学名卿"巨幅横匾。

　　茂盛的波罗蜜正如唐伯元对后世的深远影响，荫泽后代，也是中泰两国睦邻友好、中泰友谊源远流长的最好见证。

（二十五）重阳木：以佳节命名的"千岁树"

中文名：重阳木　　拉丁学名：*Bischofia polycarpa*

别名：无

科：叶下珠科　　属：秋枫属

树龄：468年　　古树等级：二级

胸围：558厘米　　树高：24.8米　　平均冠幅：25米

地理位置：韶关市新丰县马头镇秀田村

　　秀田村重阳木据传种于明朝。树的基部有分叉，共有3条树干一齐向上长；树干因为年代久远而长满了青苔，青苔底下可见树皮褐红色、光滑；树形高耸苍劲；枝叶婆娑苍翠，郁郁葱葱。

　　相传每年重阳节，树叶就开始掉落，人们便将其取名为重阳木。另有一种说法为人们在重阳节登高时，因劳累找树荫休息，就发现了其树荫下最是清凉，于是把佳节名称赋予重阳木并称其为"千岁树"，象征长寿。

　　秀田重阳木有传说：明朝嘉靖年间（1522—1566年），秀田黄氏先人华公正值少年，游历途经此处，感触此地山清水秀、气候宜人，便定居于此，以养鸭为生。一日有两乞丐上门乞食，华公见其可怜，杀鸭给他俩吃，并将自己的床让给他俩睡。次日清晨，华公醒来，不见了乞丐，却见到天空飞来一对白鹤，嘴叼重阳木种子，华公便种在屋后，数年后长成2株大树，枝繁叶茂，每年春天都会出现一群白鹤，因此当地人也称此树为"鹤树"。华公后人得益于古树的灵气，人才辈出，故当地人常来树下许愿祈福。

（二十六）柏木：一枯一荣，生死相依

中文名：柏木　　　　拉丁学名：*Cupressus funebris*

别名：柏树、柏木树

科：柏科　　　　　　属：柏木属

树龄：1 130多年　　　古树等级：一级

胸围：430厘米　　　　树高：23米　　　　平均冠幅：11.3米

地理位置：梅州市梅县区雁洋镇阴那村灵光寺

广东省梅县区灵光寺（原名圣寿寺）始建于唐朝咸通年间（860—874年），距今已有1 000多年历史。寺门前两株千年柏木是唐朝高僧惭愧祖师（俗名潘了拳）亲手所植。这两株千年柏木，左边那株已死多年，

然枯而不朽，耸立不倒，右边那株枝繁叶茂，苍翠欲滴，左右两株古柏木一枯一荣，生死相依，俗称"生死树"，为古梅州八景之一。

高僧的名字来历很有趣，相传，祖师刚出世时，拳头紧握，不肯松开，总是张着嘴大声啼哭，一位仙风道骨的出家人用手在婴儿的手背上写了个"了"字，霎时间，婴儿停止了啼哭，小小的拳头也松开了，从此以后，婴儿就被取名为"潘了拳"。

因为这段佛缘，潘了拳长大后进入佛门。明朝洪武十三年（1380年），粤东监察御史梅鼎出巡视察遇难，幸被显灵的惭愧祖师相救，梅鼎为了报答祖师的恩情，特意为圣寿寺捐赠了很多香火钱扩建寺庙，还将圣寿寺改名为"灵光寺"，该名一直沿用至今。

寺庙落成时，祖师亲手栽植下这两株柏木，并说了一句话："生也长大，死也长大。"1664年，左边那株柏木死了，350多年来，它始终枯而不朽，屹立不倒。这两株柏木一生一死彼此陪伴，生死相依，不离不弃，成为美好姻缘的象征。

（二十七）罗汉松：红色印记的见证

中文名：罗汉松　　　　拉丁学名：*Podocarpus macrophyllus*

别名：土杉

科：罗汉松科　　　　属：罗汉松属

树龄：280年　　　　古树等级：三级

胸围：80厘米　　　树高：6米　　　　平均冠幅：4.5米

地理位置：汕尾市海丰县海城镇红场

海丰县红宫红场旧址，位于海城镇人民南路中段，罗汉松矗立于此，树干层层包裹，沟缝累累，造型优美。树干的上端，整整齐齐地分

成十几条枝丫，这些枝丫对称生长，形成茂盛而苍翠的树冠。远观之，一览古树的傲骨风姿，古风古韵宛若天成。

这株罗汉松古树见证了1927年11月在这里召开的工农兵苏维埃代表大会，会上成立了海丰县苏维埃政府，它是大革命时期中国建立的第一个红色政权；见证了同年12月1日在这里召开的有5万多人参加的庆祝海丰县苏维埃政府成立大会；还见证了董朗、颜昌熙等率领的南昌起义部队和叶镛、袁裕、徐向前等率领的广州起义部队在此胜利会师。

红宫原为建于明朝的海丰学宫，现存建筑有灵星门、拱桥泮池、前殿大成殿和两厢配殿，大成殿是红宫主体结构，两厢配殿现保存许多革命文物。海丰苏维埃政权成立后，彭湃同志号召在此兴建红场大门和司令台，现红场中心安放着彭湃烈士铜像，它与罗汉松一起形成红宫红场的重要红色资源。海丰红宫红场旧址是大革命时期彭湃领导海陆丰革命斗争的重要见证，对开展爱国主义教育、红色文化教育等具有重要价值。

（二十八）菩提树："神圣之树"

中文名：菩提树　　拉丁学名：*Ficus religiosa*

别名：菩提榕、思维树

科：桑科　　　　属：榕属

树龄：708年　　　古树等级：一级

胸围：1 056厘米　树高：11米　　　平均冠幅：23米

地理位置：江门市台山市广海镇靖安村龙岗

　　菩提树原产于印度。据康熙《新宁县志》记载："南北朝梁天监元年（502年），有印僧智药三藏在新会郡地广海登陆，在乌洞（今台山市广海镇灵湖古寺所在地，距此靖安村古菩提树所在地1 300米）手植菩提树一株，其地后建灵湖寺。"相传，印度僧人智药三藏从天竺国（印度）引种菩提树于乌洞和广州光孝寺，从此我国广东、云南等南方各省区均有菩提树生长。

　　这株菩提树，是广东省发现的树龄最大的菩提树。它风吹雨打数百年，仍树身粗壮，树干要六个成年人手臂相连才能合抱。它枝叶茂盛，树冠阔大，遮阴面积大，树下摆放石桌石椅，是村里人开会、纳凉、休憩、娱乐的好地方。

　　菩提树的落叶非常奇特，它们腐烂后不像别的树叶那样全部化为碎末，而是叶面腐烂之后，叶脉会完整保留下来，状如丝网，多被捡拾珍藏。

（二十九）乌墨：渔民回归的航标

中文名：乌墨　　　　拉丁学名：*Syzygium cumini*

别名：*海南蒲桃、乌楣、石棉果*

科：*桃金娘科*　　　属：*蒲桃属*

树龄：*500多年*　　　古树等级：*一级*

胸围：*590厘米*　　　树高：*17.5米*　　　平均冠幅：*12米*

地理位置：*湛江市徐闻县角尾乡苞西村*

　　乌墨是常绿乔木，因其树姿优美，花白色芳香，果实白色甘甜可食，为优良的庭院绿荫树和行道树种。这株乌墨每年果实成熟时都有一

些小孩爬树摘果，然而每年总会有小孩摘果时不慎从树上掉下，但神奇的是，这些小孩有的没有受伤，有的仅是受点皮外伤，擦拭即可。村民将这株古乌墨树看作是村庄的风水树，它不仅为村民提供绿荫和果实，仿佛也在保护着那些嘴馋的孩子们。

这株乌墨生长的位置是方圆数十公里的最高处，在过去很长一段时间，挺拔茂盛的古树一直是渔民回归的航标，为出海打鱼的渔船指引回家的路，成为渔民心中的一盏指路灯。在医药缺乏的年代，因当地人常砍割这株乌墨的树皮用作外用药治疗皮肤病，长期反复的损伤刺激，导致乌墨基瘤突增生，树干畸形，仿如一个矩形的棒槌，这个大树瘤也成为古树的显著特征，令人过目不忘，印象深刻。

（三十）杉木：势若干青霄

中文名：**杉木**　　　拉丁学名：*Cunninghamia lanceolata*

别名：**沙木、沙树**

科：**杉科**　　　属：**杉木属**

树龄：**515年**　　　古树等级：**一级**

胸围：**630厘米**　　　树高：**26米**　　　平均冠幅：**10米**

地理位置：**清远市阳山县江英镇英阳村杉树墩**

据《李氏族谱》记载，三世祖明朝李佛全（又名李尚书）在英阳村亲自种了18株杉木，以祈求村旺人兴，后在杉木前兴建了西华古寺。西华古寺始建于明朝嘉靖年间（1522—1566年），距今已有450多年的历史，与东华禅寺、南华禅寺、北山古寺并称"粤北四大古寺"。时光推移，17株杉木遭破坏，仅保留1株，它便成为该村的"风景树"。

杉木栽培历史悠久，白居易的《栽杉》描述道："劲叶森利剑，孤茎挺端标。才高四五尺，势若干青霄……"

杉木是我国南方特有的、栽培最广、生长快、用途广、经济价值高的用材树种。其木纹理美观，耐腐耐湿，民间有"干千年，湿千年，不干不湿几千年"之说，岭南古建筑的结构、装饰构件等也常使用杉材，别具特色。这株杉木，树冠圆状，顶端平塔形，树干端直，叶针稀软下垂，树皮呈灰褐色，条裂状浅，生长缓慢。此树至今仍英姿勃勃，堪称"杉树之王"。

（三十一）水松：中国特有树种

1. 封开古水松

中文名：水松　　　　拉丁学名：*Glyptostrobus pensilis*

别名：水松柏

科：柏科　　　　　　属：水松属

树龄：1 000多年　　　古树等级：一级

胸围：400厘米　　　树高：11米　　　　平均冠幅：10.5米

地理位置：肇庆市封开县南丰镇汶塘村木蒏

据《侯氏宗枝》记载，汶塘村侯姓是侯村侯姓的一个分支，约在明朝万历年间（1573—1620年）从侯村搬迁到这里开枝散叶。迁村之时就因这株水松十分古老而决定将村落建在这里，据载建村之时这株水松已有几百年历史了，结合胸径生长模型综合推测这株水松1 000多年高龄。

这株水松，枝叶茂盛，郁郁苍苍，树形美观。

2. 博罗古水松

中文名：水松　　　　拉丁学名：*Glyptostrobus pensilis*

别名：水松柏

科：柏科　　　　属：水松属

树龄：800多年　　　古树等级：一级

胸围：420厘米　　　树高：13米　　　　平均冠幅：11米

地理位置：惠州市博罗县泰美镇罗村

　　古树位于罗村村落中央、罗村聂氏祠堂前。周围是平坦而广阔的稻田、鱼塘和农舍。水松躯干粗大，树冠高耸入云，树枝层层张开，气势颇为壮观。站在树下仰望，令人震撼。

赵谊莉 供

　　据聂氏族谱记载，聂氏先祖于南宋年间从外地迁来此处，亲手植下这株水松留作纪念。在清朝乾隆、嘉庆、道光年间修订的聂氏族谱中，也存有此株古树的相关记录。这株水松自然而然地成为聂氏族人的"祖公树"。

　　当地村民传颂：先人种此树的寓意，是祈望人丁兴旺、状元及第。数百年来，在古树身上还诞生了美丽的传说：族中每出一个俊才，树下便长出一个根瘤，一个根瘤代表一个人才，不论文武，起码在举人以上。虽为传说，但蕴含着聂氏祖先种树育人、人与树共生共荣的理念，成为激励后人勤劳好学、积极进取的强大动力。至今，只要村里的孩子考上大学，其家人便会将香案置于树下，郑重祭拜。800多年来，古树见证了岁月更替，村民习惯称之为"松伯"。

（三十二）银叶树：罕见古老半红树

中文名：银叶树　　　拉丁学名：*Heritiera littoralis*

别名：银叶板根、大白叶仔

科：锦葵科　　　　属：银叶树属

树龄：516年　　　古树等级：一级

胸围：197厘米　　　树高：11米　　　平均冠幅：12米

地理位置：深圳市龙岗区葵涌街道坝光社区坝光盐灶银叶树保护区

　　300多年前，村里的祖先从粤东河源紫金来到这里开基建业，繁衍后代，形成了18个村落。该树生长于坝光社区古银叶树群内，相传在建村之前早已存在，距今已有500多年的历史，经专家鉴定，它是世界上现存年龄最大的银叶树，也是唯一一株树龄超过500年的古银叶树。

　　银叶树因其叶子背面被白色鳞秕而得名。银叶树是半红树植物，是既能在潮间带生存，并可在海滩上成为优势种，又能在陆地环境中自然繁殖的两栖木本植物。银叶树具有一定的特化形态和生理机制，如具板状呼吸根。全球有半红树植物14种，主要分布在东南亚沿海。银叶树是典型海漂植物，果木质，内有厚的木栓状纤维层，故能漂浮在海面而散布到各地，在海边落地生根。然而，银叶树的生长充满曲折，很多小树苗长到一定阶段就会自然夭折，10年以上的银叶树已经很少，生长500多年的古银叶树更是令人叹为观止。与其他树木不同，银叶树树龄并不是靠年轮记载，而是靠板根。经历了500多年风霜的古银叶树，板根如驼峰蜿蜒，最高的地方超过2米，这就是它沧桑的印记。

　　2013年，该树受台风"天兔"的影响，靠近板根一边的树干被风吹断，但仍然坚强地活了下来，它仿佛在告诉我们：即使遇到再大的挫折，只要不放弃就会有希望。

（三十三）油杉：笑迎远方来客

中文名：油杉　　　　拉丁学名：*Keteleeria fortunei*

别名：杜松、唐杉

科：松科　　　　　　属：油杉属

树龄：450多年　　　古树等级：二级

胸围：180厘米　　　树高：6米　　　　平均冠幅：11.5米

地理位置：揭阳市揭东区玉湖镇玉牌村狮地

　　此树是揭阳市的松树王，村内的公公婆婆说道，他们的太爷爷小的时候，这株古树就已经存在，据说是先祖定居此地时栽种下来的，至今已经有450多年的历史。

　　油杉由于有消肿解毒的功效，能治痈疽疮肿，在缺医少药的年代，给贫瘠的乡村解决了很多急难愁盼的问题，因而被当地的村民保护下来。玉牌村油杉古树造型独一无二，像是一位笑迎远方来客的老者，深受村民喜爱与敬仰，是村庄的风水树，更是村中一道独特的风景。

　　油杉特产于我国，是古老的孑遗树种，分布于福建、广东、广西南部沿海丘陵地带，由于人为干扰，破坏严重，目前成片森林极少，多散生在阔叶林中。

（三十四）鸡毛松：上天赏赐之物

1. 高州古鸡毛松

中文名：鸡毛松　　　拉丁学名：*Dacrycarpus imbricatus*

别名：爪哇松、岭南罗汉松、爪哇罗汉松、假柏木

科：罗汉松科　　　属：鸡毛松属

树龄：1 100多年　　古树等级：一级

胸围：506厘米　　树高：30米　　　平均冠幅：17.5米

地理位置：茂名市高州市马贵镇垭垌村大田面

鸡毛松，心材黄色，边材淡黄色带灰色，纹理直而均匀，结构细密，有光泽，比重0.64，耐腐力强，易加工，属于渐危种。在高州市马贵镇幸存一株广东省最古老的鸡毛松，经胸径生长模型推算，该古树树龄1 100多年，是广东省仅有的两株树龄900年以上的珍稀古鸡毛松之一。

这株鸡毛松虽经历千年风雨，依然长势旺盛，拥有高大的树冠，树的主干浑圆，粗壮挺拔的躯干需要五个成年人合抱方可围住。暗褐色的树皮呈鳞状，像

一层坚硬的盔甲保护着树干。它的叶子形似一根根鸡毛，鸡毛般的叶子随微风轻轻一吹便跳起摇曳舞来，这也是"鸡毛松"的得名由来。

广东并不是鸡毛松的产地，在马贵镇更是没有其他鸡毛松存在，据说，这株古鸡毛松可能是鸟类携带种子到该处萌发生长而成的。由于树形优美，长势旺盛，犹如上天赏赐之物，它深受当地村民喜爱，村民将其视为风水树，一直加以保护，因此得以古树长青，枝繁叶茂，寓意着马贵镇如古树一般得以源远流长，同时彰显出人与自然和谐相处的美景。

2. 广宁古鸡毛松

中文名：鸡毛松　　　拉丁学名：*Dacrycarpus imbricatus*

别名：爪哇松、岭南罗汉松、爪哇罗汉松、假柏木

科：罗汉松科　　　属：鸡毛松属

树龄：220年　　　古树等级：三级

胸围：380厘米　　树高：25米　　　平均冠幅：17米

地理位置：肇庆市广宁县赤坑镇惠爱村大崀庙

　　该树因其历史悠久，深受村民的敬畏与爱护，树前砌有祭祀用台，也有祭祀活动，在节假日，会有村民在此消灾祈福，它是当地的"伯公树"。

　　据村中陈姓老人（80多岁）所述，该村是从远地迁徙过来的。据查清朝嘉庆年间（1796—1820年）有大迁徙活动，村民先祖迁入南粤地区，围村建庙，此树随迁而植，生长至今，已达220年。

（三十五）梅：独立千林压众葩

中文名：梅　　　　　拉丁学名：*Prunus mume*

别名：酸梅、乌梅、梅花

科：蔷薇科　　　　　属：李属

树龄：1 010年　　　古树等级：一级

胸围：325厘米　　　树高：11米　　　平均冠幅：12.5米

地理位置：梅州市梅县区城东镇潮塘村大岗上

该树于2018年被遴选为"中国最美梅树"。这株梅树，属真梅系直枝梅类宫粉型梅花，为梅花专一品种，全国古梅专家王其超先生考察后定名为"潮塘宫粉"，并已载入《梅品种国际登录年报（2000）》。树冠呈伞形，花重瓣，色淡红，香味浓郁，花径约2.5厘米，花期为12月下旬至翌年1月下旬。此古梅是迄今广东发现的最古老花梅，有专家认为是宋梅，极具保存、研究、观赏价值。

据清朝光绪《嘉应州志·山川》记载："梅峰在城西门外（今西郊），五峰错落，似梅花五片，故名……梅峰、梅溪，此地山水，宋改敬州为梅州，本以山水得名。"梅州人爱梅恋梅的情结，也就从那个时候开始。

梅州因梅花而闻名，是中国目前唯一以梅命名的城市，南宋诗人杨万里宦游梅州时，曾写下"一路谁栽十里梅，下临溪水恰齐开。此行便是无官事，只为梅花也合来"的绝妙诗句。梅州客家人把梅花看作是客家精神的象征，向来有种梅、赏

梅、咏梅、画梅的传统，并形成了独特的梅文化。叶剑英元帅对梅花也钟爱有加，年轻时曾写诗赞誉过家乡的梅花"心如铁石总温柔，玉骨姗姗几世修。漫咏罗浮证仙迹，梅花端的种梅州"。每到寒冬腊月，正是梅花争俏斗艳的时节，总会吸引大批游客结伴而来观花赏梅。

（三十六）山樱桃：花开一片绯红

中文名：山樱桃　　拉丁学名：*Prunus serrulata*

别名：青肤樱、福建山樱花

科：蔷薇科　　属：李属

树龄：130多年　　古树等级：三级

胸围：288厘米　　树高：20米　　平均冠幅：6.5米

地理位置：梅州市梅江区西阳镇明山村下庐肚刘屋老屋背

明山村是一个有着百年历史的古村落，相传明山村的先人为保护当地客家风水而栽种了这株山樱桃。该树树体高大，树冠婆娑，枝叶茂盛，2月花开时一片绯红，蔚为壮观。

叶剑英、林一青、叶浩秀、古大存等一大批革命先辈曾在该村战斗生活，村内至今仍保存大量抗日战争、解放战争时期的红色遗迹。板盖坑的梅埔丰根据地（明山嶂）革命史料陈列室刻录着丰富翔实的明山嶂革命斗争历史。这里是梅州早期建立区级苏维埃政权的地方之一，是粤东革命根据地的重要组成部分。

该村凭借秀美的自然生态资源、璀璨的红色革命历史，

成为远近闻名的集盛夏避暑、采风摄影、革命教育和徒步穿越等功能于一体的古村落。村内银窿顶海拔1 366米，是梅州市梅江区最高峰、广东第三高山。更有"嶂下村—板盖坑—明山嶂—银窿顶—高打坪—锅仔村—铜鼓嶂"徒步穿越线和百年山樱桃观赏点。

（三十七）观光木：花开遍地闻花香

中文名：观光木　　拉丁学名：*Michelia odora*

别名：宿轴木兰、香花木

科：木兰科　　　属：含笑属

树龄：510年　　古树等级：一级

胸围：400厘米　　树高：26米　　平均冠幅：25米

地理位置：梅州市平远县泗水镇梅畲村赤子坳

　　据传，当地刘姓自明朝洪武年间（1368—1398年）迁到梅畲村开基后，第三代先祖在山坳种植此树，为村口风水树，树形高大匀称，长势良好，是全国为数不多的观光木古树，一度被认为是全国最大的观光

木。此树长在平远到蕉岭的古驿道边，是挑担人路过休息处，开花时整个村子都能闻到花香，故本地人称其为"香花木"。

　　梅畲村具有悠久深厚的客家传统孝悌文化氛围。村庄建筑坐落有序，以吊脚楼为主；生态环境优美，依山傍水，风光旖旎，空气清新；民风淳朴，邻里和睦。梅畲村民俗文化保存完好，非物质文化遗产独特。2016年12月，梅畲村被住建部等七部委联合列入第四批中国传统村落名录。

（三十八）猪血木：指引归家的方向

中文名：猪血木　　　拉丁学名：*Euryodendron excelsum*

别名：无

科：五列木科　　　属：猪血木属

树龄：550多年　　　古树等级：一级

胸围：370厘米　　　树高：13米　　　平均冠幅：13.5米

地理位置：阳江市阳春市八甲镇澄垌村

　　该树是目前已知全世界最古老的一株猪血木。据当地老人所述，该村村民在明朝成化年间（1465—1487年）迁徙到此处，已有550多年历史了。这株古树是建村时栽种的，是历史文化的丰碑。

　　村里的一位长者年少离家，时隔多年再次回到村中探亲，由于旧时的路口改变了，村中的土路也全都硬底化了，村民居住的泥砖房都变成了一栋栋小洋楼，这位长者回到村口，全然认不得回家的方向，东张西望，还以为走错了地方。直到他远远望见这株猪血木还在原地孤傲地挺立着，他才相信自己到家了。这株古树不仅见证了村庄的发展和变迁，也陪伴了一代又一代的村民从懵懂孩童变成耄耋老人，令无数漂泊他乡的游子惦记。尤其是"少小离家老大回"的老人，更是触景生情，感慨万千。

　　猪血木的木材结构细致，不易裂，适于作为造船及建筑用材，为优质木材树。

（三十九）诃子：视大千世界如一诃子

中文名：诃子　　　　拉丁学名：*Terminalia chebula*

别名：诃黎勒

科：使君子科　　　属：榄仁树属

树龄：149年　　　古树等级：三级

胸围：262厘米　　树高：9米　　　　平均冠幅：12米

地理位置：广州市越秀区六榕街道光孝寺

在广州市光孝寺内，屹立着一株古诃子树。该树已被虫蛀蚀了半边树干，寺僧将朽木剔除后，用水泥吻合，使濒临枯萎的古树春华焕发、树影婆娑、生机勃勃。

相传，诃子从印度引入广州后，吴国虞翻因得罪孙权而被贬南海（居现光孝寺址），种植诃子，虞翻死后，宅舍为寺。南北朝元嘉十二年（435年），求那跋陀罗三藏驻锡该寺，指诃子树谓众曰："此西方诃黎勒果之

林。"诃黎勒,树似木槿,花白色,子形如橄榄,产于印度和南海诸岛,果实可入药,是佛陀时代僧团经常用到的药材。后来,此树越来越少,清朝康熙年间(1662—1722年)曾有诗叹曰:"菩提有古树,诃子久无香。"寺内现仅存此一株,真可谓千古遗珍。

据记载,诃子性温而涩,治冷气喉痹,以其根蘸水,去咸碱。相传:汲诃泉,煎诃子,和以甘草,色若新茶,饮者须鬓转黑。诃泉即诃井,古时在寺南廊外僧舍内,现在距诃子树20米处,即菩提树旁古井。

（四十）缅茄：恶人无情树有情

中文名：缅茄　　　　拉丁学名：*Afzelia xylocarpa*

别名：细茄、木茄

科：豆科　　　　　属：缅茄属

树龄：470年　　　古树等级：二级

胸围：900厘米　　树高：18米　　　平均冠幅：26米

地理位置：茂名市高州市宝光街道西岸村五粮

　　缅茄是我国不可多得的珍贵树种，其中高州就有两株，高州西岸这株有470年树龄的缅茄是缅茄之王，同时也是全国唯一一株种子可用于雕刻的缅茄。

　　这株缅茄之王凭借着扣人心弦的"含冤事件"和雕刻的价值而享誉

中外。据清朝嘉庆《茂名县志》载,明朝时期,祖籍高州城西岸村的李邦直是朝廷宠臣,深得朝廷器重,他自云南告老还乡,带回皇上恩赐珍品缅茄籽两颗。李邦直试种一颗未曾萌芽,另一颗配系金丝银线给儿子佩戴,以示荣耀并祈求富贵长命。一日,缅茄籽忽然不见了,遍寻无踪,李邦直怀疑是婢女梁凤薇所偷,不问情由将婢女严刑拷打至死。事隔三年,这颗失落的缅茄籽竟在儿子的床下砖缝中生长成一株缅茄幼苗。李邦直令人拆除府北,让其生长。有人说,这颗缅茄籽不愿在地下沉默,毅然冲出地面为婢女申冤,确是"恶人无情树有情""人间自有真情在"。旧时那些含冤负屈、投诉无门的平民百姓,常到树下祈求:祈望该树能为他们申冤昭雪。故此树又称为"申冤树"。为此,高州市政府还在古树周围兴建了缅茄公园,塑建缅茄女像,教育后代,宁死不屈,坚持真理。

缅茄之所以珍稀,和它的种子很有关系。缅茄种子十分坚硬且有蜡头,不易被水浸透,不易发芽,很难种植。整个果实乌金相接,颇为奇特。更奇特的是这些种子还可以用来雕刻,加工成精美的工艺品。这种稀有的岭南民间手工艺,可谓是独具一格,历史悠久,颇有名气,古往今来,不少文人墨客莫不以得之为乐。清朝黄若济曾作《咏缅茄》赞曰:"其蒂宛涂蜜蜡黄,其实曲肖彭亨紫。小姑欣喜缀佩觿,雕琢趻莩成花枝。"1957年5月,中国政府把高州缅茄雕刻工艺品作为"国宝",赠送给苏联最高苏维埃主席团主席伏罗希洛夫元帅。缅茄雕刻工艺品深受民间喜爱,常作为男婚女嫁的赠礼,从流传至今的高州竹枝词可见一斑:"奴生西岸近莲塘,嫁与南桥何姓郎。愧我压妆无别物,缅茄刻就两鸳鸯。"多么美妙的竹枝词,多么朴实的民风情愫。

（四十一）乐东拟单性木兰：我国特有的寡种属植物

中文名：乐东拟单性木兰　　拉丁学名：*Parakmeria lotungensis*

别名：葫芦树

科：木兰科　　　　属：拟单性木兰属

树龄：220年　　　古树等级：三级

胸围：250厘米　　树高：26米　　　平均冠幅：16米

地理位置：潮州市潮安区凤凰镇石古坪村

　　乐东拟单性木兰是我国特有的寡种属植物，国家重点保护渐危种，分布在我国南部，海拔1 000多米的山林中，为常绿大乔木，叶子椭圆形，叶片厚实，花朵开放时傲立枝头，纯白圣洁，清新典雅，其特有的气味芳香怡人，令人赏心悦目。

　　石古坪村的这株古树，经历了200多年的风吹雨打依然挺拔，树干笔直，树皮呈深灰色，枝叶繁茂，形态美观。过去村民不知道树木的价值，会把树枝当柴火。近年，经植物专家鉴定后才知它是不可多得的稀有品种，目前此树仅存一株，有特别珍贵的科研价值，村民们表示：这株树能保留下来不容易，一代一代人见证了它的成长，它也目送了一代一代人离去，它一直安静地守护着这个村庄和这里的村民，我们现在知道了它的价值，就要好好地保护它。

蓝剑荣　供

四、岭南古树群

（一）广州黄埔荔枝群

中文名：荔枝　　　拉丁学名：*Litchi chinensis*

别名：丹荔、丽枝、离枝

科：无患子科　　　属：荔枝属

平均树龄：143年　　古树株数：48株

平均胸围：144厘米　平均高度：8.6米

地理位置：广州市黄埔区萝岗街道萝峰村萝峰小学

　　广州市黄埔区是岭南地区久负盛名的荔枝之乡，保存了岭南荔枝的文化脉络。该区目前荔枝种植面积约1 300公顷，其中树龄100年以上的古荔枝近700公顷，主要分布在水西、萝峰、贤江、笔岗等社区，是广东省较大的古荔枝群落聚集地之一。其中，以玉岩书院催诗台前的一株

古荔枝树最为著名，本地村民均说该树已存活逾千年，这也是广州目前有记载的树龄最老的古荔枝树。以千年古荔枝为中心，周边的村落分布着大量的荔枝古树，萝峰村荔枝山古树群就是黄埔区比较典型的荔枝古树群，相传是千年古荔枝的后代。

在品种上，黄埔百年荔枝也是独树一品。笔岗糯米糍、萝岗桂味与增城挂绿一同位列"荔枝三杰"。

黄埔地区流传着一句民谚："春戏禾雀花，夏啖荔枝果，秋品萝岗橙，冬赏香雪梅。"荔枝和禾雀花、甜橙、梅花已经成为黄埔四大生态文化品牌，堪称黄埔区的"四季名片"。每逢荔枝成熟季节，亲朋好友、文人雅士从各地慕名来游萝峰，现场品尝新鲜糯米糍，临走时还会捎回一些新鲜糯米糍或荔枝干，以馈送亲友，而以糯米糍焙成的荔枝干常被选为送礼佳品。

（二）高州贡园荔枝群

中文名：荔枝　　　　拉丁学名：*Litchi chinensis*

别名：丹荔、丽枝、离枝

科：无患子科　　　属：荔枝属

平均树龄：369年　　古树株数：95株

平均胸围：216厘米　平均高度：7.8米

地理位置：茂名市高州市根子镇柏桥村贡园

　　贡园位于根子镇柏桥村岭腰，该园占地约5公顷，成园于隋唐年间，至今已有1 000多年历史，是目前全国面积大、历史悠久、保存完好、老荔枝树多、品种齐全的古荔枝园之一。

千手观音荔枝树龄约600年，该树树皮斑驳，躯干龙钟，但生机旺盛，虬枝挺拔，给人以饱经风霜、古朴苍劲之感。树的枝丫修长，密且均匀地生长在树干的分叉处，极像观音身上伸着千万只手，人们形象地将这株树形奇特的荔枝树称为"千手观音"。该树在荔红时候，鲜红的果子与绿叶红绿相间，仿如"孔雀开屏"，一幅"盛世开屏"的美丽画卷煞是好看，更是好兆头。千手观音荔枝树是贡园荔枝群内具特色的古树之一。

麦红 供

（三）广州增城乌榄群

中文名：乌榄　　　拉丁学名：*Canarium pimela*

别名：黑榄、木威子

科：橄榄科　　　属：橄榄属

平均树龄：123年　古树株数：534株

平均胸围：301厘米　平均高度：11.4米

地理位置：广州市增城区荔城街道莲塘村古荔台、榄园

在广州市增城区荔城街道莲塘村，有一大片百年古树群，其中，乌榄共534株，最老的乌榄树树龄已超过350年。

乌榄易种易管，深受人们喜爱。增城各地民众自古就有栽植，清末民初莲塘村的村民就在村边和增江河岸大量种植。乌榄四季常绿，枝干粗壮，形态优美，既可遮阴挡雨，又可欣赏和采摘食用。乌榄全身是宝：榄肉可制榄角；榄仁可作菜肴，又是点心的上好配料；榄核是著名工艺品榄雕的原料，榄雕已有300多年的历史，已入选国家级非物质文化遗产名录。

乌榄在广东有着悠久的历史，南宋周去非的《岭外代答》和清朝赵学敏的《本草纲目拾遗》中均有相关记载。相传，增城一带的乌榄有很强的药效。古时候，附近的罗浮山有位医术高明的中医师。中秋之日，有个叫罗二的人自称有黄肿、懒惰、贫寒三病，请大师看病。老中医经过望闻问切，从药房里取出十粒紫黑色的橄榄告诉他说："这十颗药丸，你每日连皮带仁吃一颗，吃完以后，再来复诊。"罗二惊讶，这么大的乌榄怎么吃呢？大师告诉他，吃整个乌榄，要讲究方法，不然没有药效。大师说，吃乌榄首先要用适度的热水将榄泡软，然后用小刀把榄

肉分成两半，让榄核和榄肉剥脱出来。一半榄肉马上吃掉，另一半则要先在榄坯中放点盐，制成榄角后才吃；吃榄仁更要讲究，用利刀砍断榄核，保持榄仁完整，药效才大。罗二遵照大师的医嘱吃药，头几天不是榄核太硬砍不开，就是榄仁太脆分两半。后来，他把刀磨利，把力练好，一切就如愿以偿了。令他料想不到的是，人们都说苦口良药，可他的药却香腻可口，食而不厌。十天后，罗二来到大师处复诊。大师开的药同样是乌榄，只是分量是先前的十倍，而且吃法也不一样。大师吩咐他，回家后要立刻将所有乌榄泡软，榄肉全部制成榄角，晒干后每顿饭吃两块；榄核则晒干后全部放在地里培植，等到新果长成才食用。就这样，罗二不但用勤劳的双手培育出一片乌榄林，而且掌握了腌制榄角、斩核取仁的工艺。他身上的三种疾病全部治愈，他的子子孙孙也从此不再懒惰、贫寒。

　　千百年来，乌榄不但成为增城人薪火相传赖以谋生的一种资源，更成为增城人的骄傲。现实中的乌榄，代表着一种优良的传统，是中国人纯朴与勤劳的象征。

（四）韶关南雄银杏群

中文名：银杏　　　　拉丁学名：*Ginkgo biloba*

别名：白果、公孙树

科：银杏科　　　　　属：银杏属

平均树龄：195年　　古树株数：68株

平均胸围：306厘米　平均高度：17.5米

地理位置：韶关市南雄市坪田镇新墟村圳背

　　南雄市坪田镇新墟村圳背依山傍水，保存有一片银杏古树群。古树群中，有一株1 200多岁的古银杏，树高25米，冠幅19米，为国家一级古树，是坪田的银杏树王，2019年被评为"广东十大最美古树"。

叶广荣 供

　　这株银杏树王只开花不结果，当地人叫它阳元银杏树。这株古银杏历史悠久，生长强壮有劲，主干粗壮挺立，分两枝生长，形如两个人背靠背相互依偎。枝条开张繁茂，最奇特的地方是在树径2米处的枝腋部生出一根奇怪的树丫。该树每年仍在生长，整株仰视，酷似雄壮高大的男子。该村40多户人家，家家人丁兴旺，生活富裕。据考证，该"奇怪的树丫"是罕见的树瘤，是植物受伤愈合后形成的一种自我保护组织，在自然界中生长概率为百万分之几，要达到如此长度的树瘤更是罕见。现在该树已成为当地吸引外地游客的重要景点之一。

（五）韶关乐昌闽楠群

中文名：闽楠　　　　拉丁学名：*Phoebe bournei*

别名：楠木、香楠、竹叶楠

科：樟科　　　　　属：楠属

平均树龄：257年　古树株数：21株

平均胸围：328厘米　平均高度：20.5米

地理位置：韶关市乐昌市两江镇上长塘村庙山子

乐昌市狮子山楠木森林公园位于上长塘村口庙山子附近的古闽楠群落，森林茂密，闽楠资源丰富，占地约4公顷，胸围3米以上的闽楠木共10余株，最大的一株闽楠胸围达5.3米，树高40多米，属广东省珍稀的古闽楠群落。

据载，闽楠群是该村李氏先祖于明朝永乐六年

（1408年）迁居于此时栽植。相传，有村民到庙山子砍柴，李员外为保护庙山子的风水树，召集族人立下了村规民约，凡立约后有村民到庙山子砍柴者，就杀他家的猪分给族人。一天，李员外的媳妇到庙山子砍柴，李员外便把自家的猪杀掉分给了族人。从此，再也没有人敢到庙山子砍柴，因此古闽楠群得以保存。

闽楠木材芳香耐久，淡黄色，有香气，材质致密坚韧，不易反翘开裂，加工容易，削面光滑，纹理美观，为上等建筑、家具用材，见于古老的建筑中，经久不腐。而且闽楠的木材、枝叶都可入药，在陶弘景的《名医别录》中，有楠材"微温，主治霍乱吐下不止"的记载。

（六）肇庆怀集红锥群

中文名：红锥　　　　拉丁学名：*Castanopsis hystrix*

别名：红锥栗

科：壳斗科　　　　属：锥属

平均树龄：130年　　古树株数：25株

平均胸围：180厘米　平均高度：20米

地理位置：肇庆市怀集县蓝钟镇古城村根竹塘

位于怀集县蓝钟镇古城村根竹塘"赤黎根"山脉一山埇处的古城红锥古树公园，土地肥沃，水源充足，古树参天，空气清新，负离子含量高。100年以上的红锥树有25株，100年以下的有56株，其中最大树龄的一株红锥树已有1 300多年，其围径约9米，冠幅33米，树高25米，被称为"红锥树王"，2019年被评为"广东十大最美古树"。在它周围，生长着数十株红锥古树，多代同堂，形成了难得的红锥古树群。

红锥古树群虽与根竹塘近在咫尺，但由于当地村民环保意识较强，一直舍不得砍伐出卖或制作家具用，所以得以保存下来，成为庇护村民世代繁衍、安康生活的一片"风水林"，千百年来默默地守护着一方百姓。

（七）清远阳山檵木群

中文名：檵木　　　　拉丁学名：*Loropetalum chinense*

别名：白花檵木

科：金缕梅科　　　　属：檵木属

平均树龄：363年　　古树株数：356株

平均胸围：110厘米　平均高度：10.5米

地理位置：清远市阳山县秤架瑶族乡秤架村干坑

秤架村是秤架瑶族乡的古村之一。据村里的长者回忆和讲述，村落始建于明朝，属阳山县尝岁乡。干坑古树公园，位于阳山县秤架瑶族乡秤架村干坑内。该古树群位于群山环抱中，与优美的自然环境融为一

体。公园为保护该村屋背山上的槠木古树群而规划建设，干坑古树群面积3.2公顷，包括槠木、樟、木荷、糙叶树等树种，以槠木数量最多，其中300年以上的槠木285株。该古树群内有各类植物，品种众多，长势优良，是广东省罕有的古树群，具有重要的科研、科普价值。

　　据史料记载，1949年12月14日，中国人民解放军进入阳山县城，县城顺利解放。时任阳山县县长的国民党少将李谨彪率残部逃亡秤架。12月24日，解放军营长罗志文率北江军分区十团一营一连抄小路绕过李谨彪正面防线，迂回到秤架西北部山头，置敌于火力控制之下。此役攻下了国民党在阳山的最后一个据点。

附　录

A. 广东省古树名木树种名录

序号	科名	属名	中文名	拉丁学名
蕨类植物　Pteridophyta				
1	桫椤科	桫椤属	桫椤	*Alsophila spinulosa*
裸子植物　Gymnospermae				
2	苏铁科	苏铁属	篦齿苏铁	*Cycas pectinata*
3	苏铁科	苏铁属	苏铁	*Cycas revoluta*
4	银杏科	银杏属	银杏	*Ginkgo biloba*
5	南洋杉科	南洋杉属	南洋杉	*Araucaria cunninghamii*
6	南洋杉科	南洋杉属	异叶南洋杉	*Araucaria heterophylla*
7	松科	油杉属	油杉	*Keteleeria fortunei*
8	松科	铁杉属	铁杉	*Tsuga chinensis*
9	松科	松属	湿地松	*Pinus elliottii*
10	松科	松属	马尾松	*Pinus massoniana*
11	松科	松属	油松	*Pinus tabuliformis*
12	松科	松属	黑松	*Pinus thunbergii*
13	杉科	杉木属	杉木	*Cunninghamia lanceolata*
14	柏科	柳杉属	柳杉	*Cryptomeria japonica* var. *sinensis*
15	柏科	水松属	水松	*Glyptostrobus pensilis*
16	柏科	落羽杉属	落羽杉	*Taxodium distichum*
17	柏科	水杉属	水杉	*Metasequoia glyptostroboides*
18	柏科	侧柏属	侧柏	*Platycladus orientalis*
19	柏科	柏木属	柏木	*Cupressus funebris*
20	柏科	福建柏属	福建柏	*Fokienia hodginsii*
21	柏科	刺柏属	圆柏	*Juniperus chinensis*
22	柏科	刺柏属	龙柏	*Juniperus chinensis* cv. Kaizuca
23	柏科	刺柏属	刺柏	*Juniperus formosana*
24	罗汉松科	鸡毛松属	鸡毛松	*Dacrycarpus imbricatus*
25	罗汉松科	罗汉松属	罗汉松	*Podocarpus macrophyllus*

续表

序号	科名	属名	中文名	拉丁学名
26	罗汉松科	罗汉松属	百日青	*Podocarpus neriifolius*
27	罗汉松科	竹柏属	竹柏	*Nageia nagi*
28	红豆杉科	三尖杉属	三尖杉	*Cephalotaxus fortunei*
29	红豆杉科	三尖杉属	海南粗榧	*Cephalotaxus hainanensis*
30	红豆杉科	红豆杉属	南方红豆杉	*Taxus wallichiana* var. *mairei*
被子植物　Angiospermae				
31	棕榈科	假槟榔属	假槟榔	*Archontophoenix alexandrae*
32	棕榈科	槟榔属	槟榔	*Areca catechu*
33	棕榈科	油棕属	油棕	*Elaeis guineensis*
34	棕榈科	蒲葵属	蒲葵	*Livistona chinensis*
35	棕榈科	刺葵属	海枣	*Phoenix dactylifera*
36	木麻黄科	木麻黄属	木麻黄	*Casuarina equisetifolia*
37	杨柳科	柳属	垂柳	*Salix babylonica*
38	杨柳科	柳属	小叶柳	*Salix hypoleuca*
39	杨柳科	柳属	旱柳	*Salix matsudana*
40	杨柳科	脚骨脆属	爪哇脚骨脆	*Casearia velutina*
41	杨梅科	杨梅属	杨梅	*Myrica rubra*
42	胡桃科	黄杞属	黄杞	*Engelhardia roxburghiana*
43	胡桃科	枫杨属	枫杨	*Pterocarya stenoptera*
44	桦木科	铁木属	铁木	*Ostrya japonica*
45	壳斗科	栗属	栗	*Castanea mollissima*
46	壳斗科	栗属	锥栗	*Castanea henryi*
47	壳斗科	锥属	吊皮锥	*Castanopsis kawakamii*
48	壳斗科	锥属	钩锥	*Castanopsis tibetana*
49	壳斗科	锥属	黑叶锥	*Castanopsis nigrescens*
50	壳斗科	锥属	红锥	*Castanopsis hystrix*
51	壳斗科	锥属	华南锥	*Castanopsis concinna*
52	壳斗科	锥属	栲	*Castanopsis fargesii*
53	壳斗科	锥属	苦槠	*Castanopsis sclerophylla*
54	壳斗科	锥属	黧蒴锥	*Castanopsis fissa*

续表

序号	科名	属名	中文名	拉丁学名
55	壳斗科	锥属	淋漓锥	*Castanopsis uraiana*
56	壳斗科	锥属	鹿角锥	*Castanopsis lamontii*
57	壳斗科	锥属	罗浮锥	*Castanopsis fabri*
58	壳斗科	锥属	毛锥	*Castanopsis fordii*
59	壳斗科	锥属	米槠	*Castanopsis carlesii*
60	壳斗科	锥属	甜槠	*Castanopsis eyrei*
61	壳斗科	锥属	秀丽锥	*Castanopsis jucunda*
62	壳斗科	锥属	银叶锥	*Castanopsis argyrophylla*
63	壳斗科	锥属	锥	*Castanopsis chinensis*
64	壳斗科	柯属	大叶苦柯	*Lithocarpus paihengii*
65	壳斗科	柯属	灰柯	*Lithocarpus henryi*
66	壳斗科	柯属	柯	*Lithocarpus glaber*
67	壳斗科	柯属	美叶柯	*Lithocarpus calophyllus*
68	壳斗科	柯属	木姜叶柯	*Lithocarpus litseifolius*
69	壳斗科	柯属	烟斗柯	*Lithocarpus corneus*
70	壳斗科	柯属	硬壳柯	*Lithocarpus hancei*
71	壳斗科	柯属	紫玉盘柯	*Lithocarpus uvariifolius*
72	壳斗科	栎属	白栎	*Quercus fabri*
73	壳斗科	栎属	槲栎	*Quercus aliena*
74	壳斗科	栎属	槲树	*Quercus dentata*
75	壳斗科	栎属	尖叶栎	*Quercus oxyphylla*
76	壳斗科	栎属	麻栎	*Quercus acutissima*
77	壳斗科	栎属	栓皮栎	*Quercus variabilis*
78	壳斗科	栎属	乌冈栎	*Quercus phillyraeoides*
79	壳斗科	栎属	夏栎	*Quercus robur*
80	壳斗科	栎属	薄叶青冈	*Quercus saravanensis*
81	壳斗科	栎属	槟榔青冈	*Quercus bella*
82	壳斗科	栎属	赤皮青冈	*Quercus gilva*
83	壳斗科	栎属	大叶青冈	*Quercus jenseniana*
84	壳斗科	栎属	饭甑青冈	*Quercus fleuryi*

续表

序号	科名	属名	中文名	拉丁学名
85	壳斗科	栎属	福建青冈	*Quercus chungii*
86	壳斗科	栎属	华南青冈	*Quercus edithiae*
87	壳斗科	栎属	雷公青冈	*Quercus hui*
88	壳斗科	栎属	栎子青冈	*Quercus blakei*
89	壳斗科	栎属	岭南青冈	*Quercus championii*
90	壳斗科	栎属	青冈	*Quercus glauca*
91	壳斗科	栎属	细叶青冈	*Quercus shennongii*
92	壳斗科	栎属	小叶青冈	*Quercus myrsinifolia*
93	壳斗科	栎属	竹叶青冈	*Quercus neglecta*
94	榆科	榆属	黑榆	*Ulmus davidiana*
95	榆科	榆属	榔榆	*Ulmus parvifolia*
96	榆科	榆属	榆树	*Ulmus pumila*
97	榆科	榉属	榉树	*Zelkova serrata*
98	大麻科	青檀属	青檀	*Pteroceltis tatarinowii*
99	大麻科	白颜树属	白颜树	*Gironniera subaequalis*
100	大麻科	糙叶树属	糙叶树	*Aphananthe aspera*
101	大麻科	糙叶树属	滇糙叶树	*Aphananthe cuspidata*
102	大麻科	山黄麻属	山黄麻	*Trema tomentosa*
103	大麻科	朴属	紫弹树	*Celtis biondii*
104	大麻科	朴属	铁灵花	*Celtis philippensis* var. *wightii*
105	大麻科	朴属	朴树	*Celtis sinensis*
106	大麻科	朴属	假玉桂	*Celtis timorensis*
107	大麻科	朴属	西川朴	*Celtis vandervoetiana*
108	大麻科	朴属	黑弹树	*Celtis bungeana*
109	桑科	桑属	桑	*Morus alba*
110	桑科	鹊肾树属	鹊肾树	*Streblus asper*
111	桑科	波罗蜜属	光叶桂木	*Artocarpus nitidus*
112	桑科	波罗蜜属	桂木	*Artocarpus parvus*
113	桑科	波罗蜜属	白桂木	*Artocarpus hypargyreus*
114	桑科	波罗蜜属	波罗蜜	*Artocarpus heterophyllus*

续表

序号	科名	属名	中文名	拉丁学名
115	桑科	波罗蜜属	二色波罗蜜	*Artocarpus styracifolius*
116	桑科	波罗蜜属	胭脂	*Artocarpus tonkinensis*
117	桑科	橙属	构棘	*Maclura cochinchinensis*
118	桑科	橙属	柘	*Maclura tricuspidata*
119	桑科	见血封喉属	见血封喉	*Antiaris toxicaria*
120	桑科	榕属	白肉榕	*Ficus vasculosa*
121	桑科	榕属	笔管榕	*Ficus subpisocarpa*
122	桑科	榕属	糙叶榕	*Ficus irisana*
123	桑科	榕属	垂叶榕	*Ficus benjamina*
124	桑科	榕属	大果榕	*Ficus auriculata*
125	桑科	榕属	对叶榕	*Ficus hispida*
126	桑科	榕属	高山榕	*Ficus altissima*
127	桑科	榕属	黄葛树	*Ficus virens*
128	桑科	榕属	九丁榕	*Ficus nervosa*
129	桑科	榕属	聚果榕	*Ficus racemosa*
130	桑科	榕属	卵叶榕	*Ficus ovatifolia*
131	桑科	榕属	菩提树	*Ficus religiosa*
132	桑科	榕属	榕树	*Ficus microcarpa*
133	桑科	榕属	水同木	*Ficus fistulosa*
134	桑科	榕属	无花果	*Ficus carica*
135	桑科	榕属	斜叶榕	*Ficus tinctoria*
136	桑科	榕属	心叶榕	*Ficus rumphii*
137	桑科	榕属	雅榕	*Ficus concinna*
138	桑科	榕属	印度榕	*Ficus elastica*
139	桑科	榕属	杂色榕	*Ficus variegata*
140	山龙眼科	银桦属	银桦	*Grevillea robusta*
141	山龙眼科	山龙眼属	山龙眼	*Helicia formosana*
142	山龙眼科	山龙眼属	小果山龙眼	*Helicia cochinchinensis*
143	山龙眼科	山龙眼属	长柄山龙眼	*Helicia longipetiolata*
144	檀香科	檀香属	檀香	*Santalum album*

续表

序号	科名	属名	中文名	拉丁学名
145	木兰科	木莲属	木莲	*Manglietia fordiana*
146	木兰科	玉兰属	玉兰	*Yulania denudata*
147	木兰科	木兰属	荷花木兰	*Magnolia grandiflora*
148	木兰科	拟单性木兰属	乐东拟单性木兰	*Parakmeria lotungensis*
149	木兰科	含笑属	白兰	*Michelia alba*
150	木兰科	含笑属	福建含笑	*Michelia fujianensis*
151	木兰科	含笑属	含笑花	*Michelia figo*
152	木兰科	含笑属	金叶含笑	*Michelia foveolata*
153	木兰科	含笑属	乐昌含笑	*Michelia chapensis*
154	木兰科	含笑属	深山含笑	*Michelia maudiae*
155	木兰科	含笑属	野含笑	*Michelia skinneriana*
156	木兰科	含笑属	醉香含笑	*Michelia macclurei*
157	木兰科	含笑属	观光木	*Michelia odora*
158	木兰科	五味子属	五味子	*Schisandra chinensis*
159	兰科	黄兰属	黄兰	*Cephalantheropsis gracilis*
160	蜡梅科	蜡梅属	蜡梅	*Chimonanthus praecox*
161	番荔枝科	假鹰爪属	假鹰爪	*Desmos chinensis*
162	番荔枝科	暗罗属	暗罗	*Polyalthia suberosa*
163	番荔枝科	鹰爪花属	鹰爪花	*Artabotrys hexapetalus*
164	樟科	鳄梨属	鳄梨	*Persea americana*
165	樟科	润楠属	短序润楠	*Machilus breviflora*
166	樟科	润楠属	浙江润楠	*Machilus chekiangensis*
167	樟科	润楠属	华润楠	*Machilus chinensis*
168	樟科	润楠属	黄心树	*Machilus gamblei*
169	樟科	润楠属	润楠	*Machilus nanmu*
170	樟科	润楠属	大叶润楠	*Machilus japonica* var. *kusanoi*
171	樟科	润楠属	广东润楠	*Machilus kwangtungensis*
172	樟科	润楠属	薄叶润楠	*Machilus leptophylla*
173	樟科	润楠属	木姜润楠	*Machilus litseifolia*
174	樟科	润楠属	龙眼润楠	*Machilus oculodracontis*

续表

序号	科名	属名	中文名	拉丁学名
175	樟科	润楠属	刨花润楠	*Machilus pauhoi*
176	樟科	润楠属	粗壮润楠	*Machilus robusta*
177	樟科	润楠属	红楠	*Machilus thunbergii*
178	樟科	润楠属	绒毛润楠	*Machilus velutina*
179	樟科	润楠属	信宜润楠	*Machilus wangchiana*
180	樟科	润楠属	香润楠	*Machilus zuihoensis*
181	樟科	楠属	闽楠	*Phoebe bournei*
182	樟科	楠属	短序楠	*Phoebe brachythyrsa*
183	樟科	楠属	楠木	*Phoebe zhennan*
184	樟科	樟属	猴樟	*Cinnamomum bodinieri*
185	樟科	樟属	阴香	*Cinnamomum burmannii*
186	樟科	樟属	樟	*Cinnamomum camphora*
187	樟科	樟属	肉桂	*Cinnamomum cassia*
188	樟科	樟属	沉水樟	*Cinnamomum micranthum*
189	樟科	樟属	黄樟	*Cinnamomum porrectum*
190	樟科	檫木属	檫木	*Sassafras tzumu*
191	樟科	木姜子属	潺槁木姜子	*Litsea glutinosa*
192	樟科	木姜子属	假柿木姜子	*Litsea monopetala*
193	樟科	木姜子属	木姜子	*Litsea pungens*
194	樟科	木姜子属	豺皮樟	*Litsea rotundifolia*
195	樟科	木姜子属	桂北木姜子	*Litsea subcoriacea*
196	樟科	木姜子属	轮叶木姜子	*Litsea verticillata*
197	樟科	新木姜子属	鸭公树	*Neolitsea chuii*
198	樟科	山胡椒属	香叶树	*Lindera communis*
199	樟科	山胡椒属	山胡椒	*Lindera glauca*
200	樟科	山胡椒属	广东山胡椒	*Lindera kwangtungensis*
201	樟科	山胡椒属	毛黑壳楠	*Lindera megaphylla*
202	樟科	山胡椒属	山橿	*Lindera reflexa*
203	樟科	厚壳桂属	厚壳桂	*Cryptocarya chinensis*
204	樟科	厚壳桂属	硬壳桂	*Cryptocarya chingii*

续表

序号	科名	属名	中文名	拉丁学名
205	樟科	厚壳桂属	黄果厚壳桂	*Cryptocarya concinna*
206	山柑科	鱼木属	鱼木	*Crateva religiosa*
207	山柑科	鱼木属	钝叶鱼木	*Crateva trifoliata*
208	叠珠树科	伯乐树属	伯乐树	*Bretschneidera sinensis*
209	海桐科	海桐属	海桐	*Pittosporum tobira*
210	蕈树科	枫香树属	枫香树	*Liquidambar formosana*
211	蕈树科	半枫荷属	半枫荷	*Semiliquidambar cathayensis*
212	蕈树科	蕈树属	细柄蕈树	*Altingia gracilipes*
213	蕈树科	蕈树属	蕈树	*Altingia chinensis*
214	金缕梅科	马蹄荷属	大果马蹄荷	*Exbucklandia tonkinensis*
215	金缕梅科	马蹄荷属	马蹄荷	*Exbucklandia populnea*
216	金缕梅科	红花荷属	红花荷	*Rhodoleia championii*
217	金缕梅科	檵木属	檵木	*Loropetalum chinense*
218	金缕梅科	银缕梅属	银缕梅	*Shaniodendron subaequale*
219	金缕梅科	蚊母树属	蚊母树	*Distylium racemosum*
220	金缕梅科	蚊母树属	杨梅叶蚊母树	*Distylium myricoides*
221	金缕梅科	蚊母树属	中华蚊母树	*Distylium chinense*
222	蔷薇科	山楂属	山楂	*Crataegus pinnatifida*
223	蔷薇科	山楂属	野山楂	*Crataegus cuneata*
224	蔷薇科	石楠属	光叶石楠	*Photinia glabra*
225	蔷薇科	石楠属	贵州石楠	*Photinia bodinieri*
226	蔷薇科	石楠属	柳叶闽粤石楠	*Photinia benthamiana* var. *salicifolia*
227	蔷薇科	石楠属	闽粤石楠	*Photinia benthamiana*
228	蔷薇科	石楠属	饶平石楠	*Photinia raupingensis*
229	蔷薇科	石楠属	石楠	*Photinia serrulata*
230	蔷薇科	石楠属	桃叶石楠	*Photinia prunifilia*
231	蔷薇科	石楠属	中华石楠	*Photinia beauverdiana*
232	蔷薇科	石斑木属	石斑木	*Rhaphiolepis indica*
233	蔷薇科	梨属	沙梨	*Pyrus pyrifolia*
234	蔷薇科	梨属	麻梨	*Pyrus serrulata*

续表

序号	科名	属名	中文名	拉丁学名
235	蔷薇科	苹果属	台湾林檎	*Malus doumeri*
236	蔷薇科	苹果属	山荆子	*Malus baccata*
237	蔷薇科	李属	扁桃	*Prunus dulcis*
238	蔷薇科	李属	梅	*Prunus mume*
239	蔷薇科	李属	杏	*Prunus armeniaca*
240	蔷薇科	李属	山樱桃	*Prunus serrulata*
241	蔷薇科	桂樱属	大叶桂樱	*Laurocerasus zippeliana*
242	蔷薇科	桂樱属	腺叶桂樱	*Laurocerasus phaeosticta*
243	蔷薇科	臀果木属	臀果木	*Pygeum topengii*
244	豆科	海红豆属	海红豆	*Adenanthera microsperma*
245	豆科	含羞草属	光荚含羞草	*Mimosa bimucronata*
246	豆科	银合欢属	银合欢	*Leucaena leucocephala*
247	豆科	儿茶属	儿茶	*Senegalia catechu*
248	豆科	金合欢属	金合欢	*Vachellia farnesiana*
249	豆科	相思树属	台湾相思	*Acacia confusa*
250	豆科	猴耳环属	大叶合欢	*Archidendron turgidum*
251	豆科	猴耳环属	猴耳环	*Archidendron clypearia*
252	豆科	牛蹄豆属	牛蹄豆	*Pithecellobium dulce*
253	豆科	合欢属	合欢	*Albizia julibrissin*
254	豆科	合欢属	阔荚合欢	*Albizia lebbeck*
255	豆科	合欢属	山槐	*Albizia kalkora*
256	豆科	合欢属	香合欢	*Albizia odoratissima*
257	豆科	合欢属	楹树	*Albizia chinensis*
258	豆科	南洋楹属	南洋楹	*Falcataria falcata*
259	豆科	象耳豆属	象耳豆	*Enterolobium cyclocarpum*
260	豆科	皂荚属	华南皂荚	*Gleditsia fera*
261	豆科	皂荚属	小果皂荚	*Gleditsia australis*
262	豆科	皂荚属	皂荚	*Gleditsia sinensis*
263	豆科	凤凰木属	凤凰木	*Delonix regia*
264	豆科	格木属	格木	*Erythrophleum fordii*

续表

序号	科名	属名	中文名	拉丁学名
265	豆科	任豆属	任豆	*Zenia insignis*
266	豆科	腊肠树属	腊肠树	*Cassia fistula*
267	豆科	决明属	铁刀木	*Senna siamea*
268	豆科	羊蹄甲属	红花羊蹄甲	*Bauhinia blakeana*
269	豆科	羊蹄甲属	宫粉羊蹄甲	*Bauhinia variegata*
270	豆科	火索藤属	龙须藤	*Phanera championii*
271	豆科	仪花属	短萼仪花	*Lysidice brevicalyx*
272	豆科	仪花属	仪花	*Lysidice rhodostegia*
273	豆科	无忧花属	中国无忧花	*Saraca dives*
274	豆科	缅茄属	缅茄	*Afzelia xylocarpa*
275	豆科	酸豆属	酸豆	*Tamarindus indica*
276	豆科	红豆属	海南红豆	*Ormosia pinnata*
277	豆科	红豆属	红豆树	*Ormosia hosiei*
278	豆科	红豆属	花榈木	*Ormosia henryi*
279	豆科	红豆属	亮毛红豆	*Ormosia sericeolucida*
280	豆科	红豆属	韧荚红豆	*Ormosia indurata*
281	豆科	红豆属	软荚红豆	*Ormosia semicastrata*
282	豆科	翅荚香槐属	翅荚香槐	*Platyosprion platycarpum*
283	豆科	槐属	槐	*Styphnolobium japonicum*
284	豆科	黄檀属	海南黄檀	*Dalbergia hainanensis*
285	豆科	黄檀属	黄檀	*Dalbergia hupeana*
286	豆科	黄檀属	降香	*Dalbergia odorifera*
287	豆科	黄檀属	斜叶黄檀	*Dalbergia pinnata*
288	豆科	黄檀属	秧青	*Dalbergia assamica*
289	豆科	黄檀属	印度黄檀	*Dalbergia sissoo*
290	豆科	南海藤属	广东南海藤	*Nanhaia fordii*
291	豆科	紫檀属	紫檀	*Pterocarpus indicus*
292	豆科	紫藤属	紫藤	*Wisteria sinensis*
293	豆科	鱼藤属	白花鱼藤	*Derris alborubra*
294	豆科	刺槐属	刺槐	*Robinia pseudoacacia*

续表

序号	科名	属名	中文名	拉丁学名
295	豆科	刺桐属	刺桐	*Erythrina variegata*
296	豆科	油麻藤属	油麻藤	*Mucuna sempervirens*
297	酢浆草科	阳桃属	阳桃	*Averrhoa carambola*
298	黏木科	黏木属	黏木	*Ixonanthes reticulata*
299	芸香科	花椒属	簕欓花椒	*Zanthoxylum avicennae*
300	芸香科	蜜茱萸属	三桠苦	*Melicope pteleifolia*
301	芸香科	吴茱萸属	楝叶吴萸	*Evodia glabrifolia*
302	芸香科	山油柑属	山油柑	*Acronychia pedunculata*
303	芸香科	山小橘属	山小橘	*Glycosmis pentaphylla*
304	芸香科	贡甲属	贡甲	*Maclurodendron oligophlebia*
305	芸香科	黄皮属	黄皮	*Clausena lansium*
306	芸香科	九里香属	九里香	*Murraya exotica*
307	芸香科	柑橘属	柚	*Citrus maxima*
308	苦木科	臭椿属	常绿臭椿	*Ailanthus fordii*
309	苦木科	臭椿属	臭椿	*Ailanthus altissima*
310	苦木科	臭椿属	岭南臭椿	*Ailanthus triphysa*
311	橄榄科	橄榄属	毛叶榄	*Canarium subulatum*
312	橄榄科	橄榄属	乌榄	*Canarium pimela*
313	楝科	香椿属	红椿	*Toona ciliata*
314	楝科	香椿属	香椿	*Toona sinensis*
315	楝科	桃花心木属	桃花心木	*Swietenia mahagoni*
316	楝科	非洲楝属	非洲楝	*Khaya senegalensis*
317	楝科	麻楝属	麻楝	*Chukrasia tabularis*
318	楝科	米仔兰属	米仔兰	*Aglaia odorata*
319	楝科	山楝属	山楝	*Aphanamixis polystachya*
320	楝科	楝属	楝	*Melia azedarach*
321	叶下珠科	土蜜树属	禾串树	*Bridelia insulana*
322	叶下珠科	土蜜树属	土蜜树	*Bridelia tomentosa*
323	叶下珠科	五月茶属	方叶五月茶	*Antidesma ghaesembilla*
324	叶下珠科	五月茶属	五月茶	*Antidesma bunius*

续表

序号	科名	属名	中文名	拉丁学名
325	叶下珠科	叶下珠属	余甘子	*Phyllanthus emblica*
326	叶下珠科	银柴属	云南银柴	*Aporusa yunnanensis*
327	叶下珠科	银柴属	银柴	*Aporusa dioica*
328	叶下珠科	算盘子属	艾胶算盘子	*Glochidion lanceolarium*
329	叶下珠科	算盘子属	白背算盘子	*Glochidion wrightii*
330	叶下珠科	算盘子属	香港算盘子	*Glochidion zeylanicum*
331	叶下珠科	秋枫属	秋枫	*Bischofia javanica*
332	叶下珠科	秋枫属	重阳木	*Bischofia polycarpa*
333	大戟科	野桐属	粗糠柴	*Mallotus philippinensis*
334	大戟科	巴豆属	鸡骨香	*Croton crassifolius*
335	大戟科	橡胶树属	橡胶树	*Hevea brasiliensis*
336	大戟科	石栗属	石栗	*Aleurites moluccana*
337	大戟科	油桐属	木油桐	*Vernicia montana*
338	大戟科	油桐属	油桐	*Vernicia fordii*
339	大戟科	黄桐属	黄桐	*Endospermum chinense*
340	大戟科	乌桕属	山乌桕	*Triadica cochinchinensis*
341	大戟科	乌桕属	乌桕	*Triadica sebifera*
342	大戟科	响盒子属	响盒子	*Hura crepitans*
343	大戟科	大戟属	金刚纂	*Euphorbia neriifolia*
344	大戟科	大戟属	霸王鞭	*Euphorbia royleana*
345	虎皮楠科	虎皮楠属	交让木	*Daphniphyllum macropodum*
346	漆树科	杧果属	林生杧果	*Mangifera sylvatica*
347	漆树科	杧果属	杧果	*Mangifera indica*
348	漆树科	岭南酸枣属	岭南酸枣	*Allospondias lakonensis*
349	漆树科	人面子属	人面子	*Dracontomelon duperreanum*
350	漆树科	南酸枣属	南酸枣	*Choerospondias axillaris*
351	漆树科	厚皮树属	厚皮树	*Lannea coromandelica*
352	漆树科	黄连木属	黄连木	*Pistacia chinensis*
353	漆树科	盐麸木属	盐麸木	*Rhus chinensis*
354	漆树科	漆属	野漆	*Toxicodendron succedaneum*

续表

序号	科名	属名	中文名	拉丁学名
355	冬青科	冬青属	冬青	*Ilex chinensis*
356	冬青科	冬青属	广东冬青	*Ilex kwangtungensis*
357	冬青科	冬青属	华南冬青	*Ilex sterrophylla*
358	冬青科	冬青属	亮叶冬青	*Ilex nitidissima*
359	冬青科	冬青属	榕叶冬青	*Ilex ficoidea*
360	冬青科	冬青属	沙坝冬青	*Ilex chapaensis*
361	冬青科	冬青属	珊瑚冬青	*Ilex corallina*
362	冬青科	冬青属	铁冬青	*Ilex rotunda*
363	冬青科	冬青属	五棱苦丁茶	*Ilex pentagona*
364	冬青科	冬青属	香冬青	*Ilex suaveolens*
365	卫矛科	卫矛属	大果卫矛	*Euonymus myrianthus*
366	无患子科	槭属	滨海槭	*Acer sino-oblongum*
367	无患子科	槭属	罗浮槭	*Acer fabri*
368	无患子科	槭属	三角槭	*Acer buergerianum*
369	无患子科	槭属	十蕊槭	*Acer laurinum*
370	无患子科	槭属	樟叶槭	*Acer coriaceifolium*
371	无患子科	七叶树属	七叶树	*Aesculus chinensis*
372	无患子科	无患子属	无患子	*Sapindus saponaria*
373	无患子科	龙眼属	龙眼	*Dimocarpus longan*
374	无患子科	荔枝属	荔枝	*Litchi chinensis*
375	清风藤科	泡花树属	樟叶泡花树	*Meliosma squamulata*
376	鼠李科	枳椇属	北枳椇	*Hovenia dulcis*
377	鼠李科	枳椇属	枳椇	*Hovenia acerba*
378	鼠李科	马甲子属	马甲子	*Paliurus ramosissimus*
379	鼠李科	枣属	滇刺枣	*Ziziphus mauritiana*
380	鼠李科	枣属	山枣	*Ziziphus montana*
381	鼠李科	枣属	酸枣	*Ziziphus jujuba* var. *spinosa*
382	鼠李科	枣属	枣	*Ziziphus jujuba*
383	葡萄科	崖爬藤属	扁担藤	*Tetrastigma planicaule*
384	葡萄科	葡萄属	山葡萄	*Vitis amurensis*

续表

序号	科名	属名	中文名	拉丁学名
385	杜英科	杜英属	水石榕	*Elaeocarpus hainanensis*
386	杜英科	杜英属	显脉杜英	*Elaeocarpus dubius*
387	杜英科	杜英属	杜英	*Elaeocarpus decipiens*
388	杜英科	杜英属	褐毛杜英	*Elaeocarpus duclouxii*
389	杜英科	杜英属	中华杜英	*Elaeocarpus chinensis*
390	杜英科	杜英属	少花杜英	*Elaeocarpus austrosinicus*
391	杜英科	杜英属	日本杜英	*Elaeocarpus japonicus*
392	杜英科	杜英属	山杜英	*Elaeocarpus sylvestris*
393	杜英科	猴欢喜属	猴欢喜	*Sloanea sinensis*
394	锦葵科	蚬木属	蚬木	*Excentrodendron tonkinense*
395	锦葵科	破布叶属	破布叶	*Microcos paniculata*
396	锦葵科	黄槿属	黄槿	*Talipariti tiliaceum*
397	锦葵科	木棉属	木棉	*Bombax ceiba*
398	锦葵科	吉贝属	吉贝	*Ceiba pentandra*
399	锦葵科	苹婆属	假苹婆	*Sterculia lanceolata*
400	锦葵科	苹婆属	苹婆	*Sterculia monosperma*
401	锦葵科	苹婆属	罗浮苹婆	*Sterculia subnobilis*
402	锦葵科	银叶树属	银叶树	*Heritiera littoralis*
403	锦葵科	梭罗树属	罗浮梭罗树	*Reevesia lofouensis*
404	锦葵科	梭罗树属	绒果梭罗树	*Reevesia tomentosa*
405	锦葵科	翅子树属	翻白叶树	*Pterospermum heterophyllum*
406	猕猴桃科	水东哥属	水东哥	*Saurauia tristyla*
407	山茶科	山茶属	茶	*Camellia sinensis*
408	山茶科	山茶属	南山茶	*Camellia semiserrata*
409	山茶科	山茶属	山茶	*Camellia japonica*
410	山茶科	山茶属	油茶	*Camellia oleifera*
411	山茶科	核果茶属	大果核果茶	*Pyrenaria spectabilis*
412	山茶科	大头茶属	大头茶（原变种）	*Gordonia axillaris*
413	山茶科	木荷属	木荷	*Schima superba*
414	山茶科	木荷属	疏齿木荷	*Schima remotiserrata*

续表

序号	科名	属名	中文名	拉丁学名
415	五列木科	厚皮香属	厚叶厚皮香	*Ternstroemia kwangtungensis*
416	五列木科	杨桐属	杨桐	*Adinandra millettii*
417	五列木科	猪血木属	猪血木	*Euryodendron excelsum*
418	金丝桃科	黄牛木属	黄牛木	*Cratoxylum cochinchinense*
419	藤黄科	藤黄属	岭南山竹子	*Garcinia oblongifolia*
420	藤黄科	藤黄属	木竹子	*Garcinia multifora*
421	龙脑香科	青梅属	青梅	*Vatica mangachapoi*
422	大风子科	箣柊属	广东箣柊	*Scolopia saeva*
423	大风子科	天料木属	红花天料木	*Homalium hainanense*
424	大风子科	天料木属	天料木	*Homalium cochinchinense*
425	大风子科	柞木属	柞木	*Xylosma congesta*
426	大风子科	柞木属	长叶柞木	*Xylosma longifolia*
427	大风子科	刺篱木属	刺篱木	*Flacourtia indica*
428	大风子科	山桂花属	山桂花	*Bennettiodendron leprosipes*
429	大风子科	山拐枣属	山拐枣	*Poliothyrsis sinensis*
430	瑞香科	沉香属	土沉香	*Aquilaria sinensis*
431	千屈菜科	紫薇属	大花紫薇	*Lagerstroemia speciosa*
432	千屈菜科	紫薇属	广东紫薇	*Lagerstroemia fordii*
433	千屈菜科	紫薇属	尾叶紫薇	*Lagerstroemia caudata*
434	千屈菜科	紫薇属	紫薇	*Lagerstroemia indica*
435	千屈菜科	八宝树属	八宝树	*Duabanga grandiflora*
436	红树科	竹节树属	竹节树	*Carallia brachiata*
437	蓝果树科	喜树属	喜树	*Camptotheca acuminata*
438	八角枫科	八角枫属	八角枫	*Alangium chinense*
439	八角枫科	八角枫属	土坛树	*Alangium salviifolium*
440	使君子科	榄仁树属	榄仁	*Terminalia catappa*
441	使君子科	榄仁树属	诃子	*Terminalia chebula*
442	桃金娘科	桉属	桉	*Eucalyptus robusta*
443	桃金娘科	桉属	窿缘桉	*Eucalyptus exserta*
444	桃金娘科	桉属	柠檬桉	*Eucalyptus citriodora*

续表

序号	科名	属名	中文名	拉丁学名
445	桃金娘科	桉属	细叶桉	*Eucalyptus tereticornis*
446	桃金娘科	白千层属	白千层	*Melaleuca cajuputi* subsp. *cumingiana*
447	桃金娘科	蒲桃属	赤楠	*Syzygium buxifolium*
448	桃金娘科	蒲桃属	广东蒲桃	*Syzygium kwangtungense*
449	桃金娘科	蒲桃属	海南蒲桃	*Syzygium hainanense*
450	桃金娘科	蒲桃属	红鳞蒲桃	*Syzygium hancei*
451	桃金娘科	蒲桃属	红枝蒲桃	*Syzygium rehderianum*
452	桃金娘科	蒲桃属	蒲桃	*Syzygium jambos*
453	桃金娘科	蒲桃属	山蒲桃	*Syzygium levinei*
454	桃金娘科	蒲桃属	卫矛叶蒲桃	*Syzygium euonymifolium*
455	桃金娘科	蒲桃属	乌墨	*Syzygium cumini*
456	桃金娘科	蒲桃属	香蒲桃	*Syzygium odoratum*
457	桃金娘科	蒲桃属	洋蒲桃	*Syzygium samarangense*
458	桃金娘科	蒲桃属	子凌蒲桃	*Syzygium championii*
459	桃金娘科	蒲桃属	肖蒲桃	*Syzygium acuminatissimum*
460	桃金娘科	蒲桃属	水翁蒲桃	*Syzygium nervosum*
461	桃金娘科	番樱桃属	吕宋番樱桃	*Eugenia aherniana*
462	野牡丹科	谷木属	黑叶谷木	*Memecylon nigrescens*
463	五加科	鹅掌柴属	鹅掌柴	*Heptapleurum heptaphyllum*
464	五加科	鹅掌柴属	星毛鸭脚木	*Heptapleurum minutistellatum*
465	五加科	刺楸属	刺楸	*Kalopanax septemlobus*
466	五加科	幌伞枫属	幌伞枫	*Heteropanax fragrans*
467	山茱萸科	山茱萸属	灯台树	*Cornus controversa*
468	山茱萸科	山茱萸属	光皮梾木	*Cornus wilsoniana*
469	杜鹃花科	杜鹃花属	毛棉杜鹃	*Rhododendron moulmainense*
470	杜鹃花科	金叶子属	广东金叶子	*Craibiodendron scleranthum* var. *kwangtungense*
471	杜鹃花科	金叶子属	金叶子	*Craibiodendron stellatum*
472	报春花科	紫金牛属	山血丹	*Ardisia lindleyana*
473	报春花科	铁仔属	密花树	*Myrsine seguinii*

续表

序号	科名	属名	中文名	拉丁学名
474	柿科	柿属	光叶柿	*Diospyros diversilimba*
475	柿科	柿属	君迁子	*Diospyros lotus*
476	柿科	柿属	罗浮柿	*Diospyros morrisiana*
477	柿科	柿属	山柿	*Diospyros japonica*
478	柿科	柿属	柿	*Diospyros kaki*
479	柿科	柿属	崖柿	*Diospyros chunii*
480	山榄科	铁线子属	人心果	*Manilkara zapota*
481	山榄科	铁线子属	铁线子	*Manilkara hexandra*
482	山榄科	紫荆木属	紫荆木	*Madhuca pasquieri*
483	山榄科	金叶树属	金叶树	*Donella lanceolata* var. *stellatocarpa*
484	山榄科	刺榄属	琼刺榄	*Xantolis longispinosa*
485	山榄科	桃榄属	桃榄	*Pouteria annamensis*
486	山榄科	山榄属	山榄	*Planchonella obovata*
487	山榄科	肉实树属	肉实树	*Sarcosperma laurinum*
488	山矾科	山矾属	白檀	*Symplocos paniculata*
489	山矾科	山矾属	丛花山矾	*Symplocos poilanei*
490	山矾科	山矾属	光叶山矾	*Symplocos lancifolia*
491	山矾科	山矾属	厚叶山矾	*Symplocos crassilimba*
492	山矾科	山矾属	黄牛奶树	*Symplocos theophrastifolia*
493	山矾科	山矾属	山矾	*Symplocos sumuntia*
494	山矾科	山矾属	腺叶山矾	*Symplocos adenophylla*
495	安息香科	安息香属	芬芳安息香	*Styrax odoratissimus*
496	安息香科	安息香属	栓叶安息香	*Styrax suberifolius*
497	安息香科	赤杨叶属	赤杨叶	*Alniphyllum fortunei*
498	木樨科	梣属	白蜡树	*Fraxinus chinensis*
499	木樨科	木樨属	木樨	*Osmanthus fragrans*
500	木樨科	木樨属	网脉木樨	*Osmanthus reticulatus*
501	木樨科	万钧木属	牛屎果	*Chengiodendron matsumuranum*
502	木樨科	木樨榄属	异株木樨榄	*Olea dioica*
503	木樨科	女贞属	小叶女贞	*Ligustrum quihoui*

续表

序号	科名	属名	中文名	拉丁学名
504	木樨科	女贞属	女贞	*Ligustrum lucidum*
505	夹竹桃科	海杧果属	海杧果	*Cerbera manghas*
506	夹竹桃科	鸡蛋花属	鸡蛋花	*Plumeria rubra*
507	夹竹桃科	鸡骨常山属	糖胶树	*Alstonia scholaris*
508	夹竹桃科	鸡骨常山属	盆架树	*Alstonia rostrata*
509	夹竹桃科	倒吊笔属	倒吊笔	*Wrightia pubescens*
510	夹竹桃科	羊角拗属	羊角拗	*Strophanthus divaricatus*
511	夹竹桃科	仔榄树属	仔榄树	*Hunteria zeylanica*
512	紫草科	破布木属	破布木	*Cordia dichotoma*
513	紫草科	厚壳树属	粗糠树	*Ehretia dicksonii*
514	紫草科	厚壳树属	厚壳树	*Ehretia acuminata*
515	马鞭草科	过江藤属	过江藤	*Phyla nodiflora*
516	唇形科	柚木属	柚木	*Tectona grandis*
517	唇形科	石梓属	云南石梓	*Gmelina arborea*
518	唇形科	牡荆属	山牡荆	*Vitex quinata*
519	唇形科	牡荆属	牡荆	*Vitex negundo* var. *cannabifolia*
520	唇形科	牡荆属	黄荆	*Vitex negundo*
521	泡桐科	泡桐属	白花泡桐	*Paulownia fortunei*
522	紫葳科	炮仗藤属	炮仗藤	*Pyrostegia venusta*
523	紫葳科	菜豆树属	菜豆树	*Radermachera sinica*
524	紫葳科	猫尾木属	猫尾木	*Markhamia stipulata*
525	紫葳科	火烧花属	火烧花	*Mayodendron igneum*
526	紫葳科	葫芦树属	叉叶木	*Crescentia alata*
527	茜草科	山石榴属	山石榴	*Catunaregam spinosa*
528	茜草科	茜树属	香楠	*Aidia canthioides*
529	茜草科	狗骨柴属	云南狗骨柴	*Diplospora mollissima*
530	茜草科	鱼骨木属	鱼骨木	*Psydrax dicocca*
531	茜草科	毛茶属	毛茶	*Antirhea chinensis*
532	茜草科	大沙叶属	大沙叶	*Pavetta arenosa*
533	五福花科	荚蒾属	珊瑚树	*Viburnum odoratissimum*

B. 古树名木保护管理相关法律法规和技术标准

古树名木保护管理以古树名木保护管理相关法律法规和技术标准的具体条款及新发布、新修订的文件为准。

现有省级以上相关部门发布的古树名木保护管理相关法律法规和技术标准文件目录如下。

1. 国家法律

（1）《中华人民共和国宪法》（2018年修正）。

（2）《中华人民共和国刑法》（2020年修正）。

（3）《中华人民共和国森林法》（2019年修订）。

（4）《中华人民共和国环境保护法》（2014年修订）。

（5）《中华人民共和国生物安全法》（2020年）。

2. 国家行政法规和部门规章

（1）《中共中央、国务院关于加快林业发展的决定》（中发〔2003〕9号）。

（2）《中共中央、国务院关于加快推进生态文明建设的意见》（中发〔2015〕12号）。

（3）中共中央办公厅、国务院办公厅印发的《党政领导干部生态环境损害责任追究办法（试行）》（2015年）。

（4）中共中央办公厅、国务院办公厅印发的《关于全面推行林长制的意见》（2021年）。

（5）《国务院办公厅关于科学绿化的指导意见》（国办发〔2021〕19号）。

（6）中共中央办公厅、国务院办公厅印发《关于在城乡建设中加强历史文化保护传承的意见》（厅字〔2021〕36号）。

（7）《城市绿化条例》（2017年修订）。

（8）《全国绿化委员会关于开展古树名木普查建档工作的通知》（全绿字〔2001〕15号）。

（9）《全国绿化委员会关于进一步加强古树名木保护管理的意见》（全绿字〔2016〕1号）。

（10）《全国绿化委员会、国家林业局关于进一步规范树木移植管理的通知》（全绿字〔2014〕2号）。

（11）《全国绿化委员会办公室关于提报〈全国古树名木保护规划（2016—2020年）〉编制有关材料的通知》（全绿办〔2015〕16号）。

（12）《城市古树名木保护管理办法》（建城〔2000〕192号）。

（13）《国家重点保护野生植物名录》（国家林业和草原局、农业农村部公告2021年第15号）。

3. 广东省行政法规和部门规章

（1）《中共广东省委关于深入推进绿美广东生态建设的决定》（2022年）。

（2）《广东省党政领导干部生态环境损害责任追究实施细则》（2016年）。

（3）《广东省人民政府办公厅关于科学绿化的实施意见》（粤府办〔2021〕48号）。

（4）《广东省人民政府关于印发2022年省十件民生实事分工方案的通知》（粤府〔2022〕14号）。

（5）《广东省人民政府关于公布省重点保护野生植物名录（第一批）的通知》（粤府函〔2018〕390号）。

（6）《广东省森林保护管理条例》（1997年修改）。

（7）《广东省城市绿化条例》（2014年修正）。

（8）《广东省森林公园管理条例》（2020年修正）。

（9）《广东省乡村绿化美化行动方案（2019—2024）》。

（10）《广东省绿化委员会关于开展新一轮古树名木资源普查建档工作的通知》（粤绿〔2016〕1号）。

（11）《广东省绿化委员会办公室关于成立古树名木资源保护专家组的通知》（粤绿办函〔2017〕5号）。

（12）《广东省林业厅、广东省住房和城乡建设厅关于严禁移植天然大树进城的通知》（粤林〔2017〕135号）。

（13）《广东省林业局关于进一步加强古树名木保护管理工作的通知》（粤林函〔2021〕317号）。

4．国家及行业技术标准

（1）GB/T 51168—2016《城市古树名木养护和复壮工程技术规范》。

（2）LY/T 3073—2018《古树名木管护技术规程》。

（3）LY/T 2970—2018《古树名木生长与环境监测技术规程》。

（4）LY/T 2738—2016《古树名木普查技术规范》。

（5）LY/T 2737—2016《古树名木鉴定规范》。

（6）LY/T 2494—2015《古树名木复壮技术规程》。

（7）LY/T 1664—2006《古树名木代码与条码》。

（8）QX/T 231—2014《古树名木防雷技术规范》。